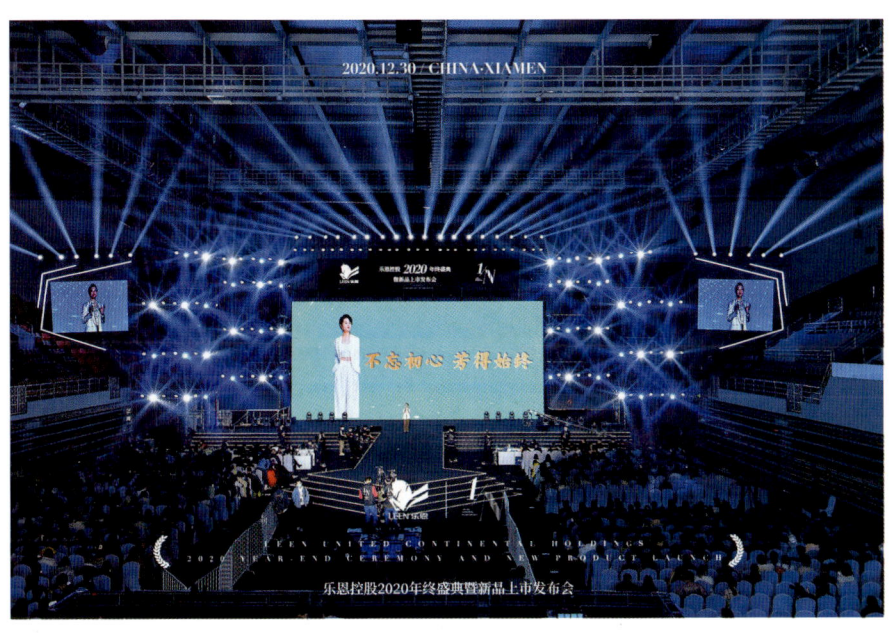

女信力量

FEMALE POWER

林芳芳 ◎ 著

中华工商联合出版社

图书在版编目（CIP）数据

女信力量 / 林芳芳著. -- 北京：中华工商联合出版社，2022.6
ISBN 978-7-5158-3444-3

Ⅰ.①女… Ⅱ.①林… Ⅲ.①女性—成功心理—通俗
Ⅳ.① B848.4-49

中国版本图书馆 CIP 数据核字（2022）第 090684 号

女信力量

著　　者：	林芳芳
出 品 人：	李　梁
责任编辑：	吴建新　关山美
责任审读：	付德华
封面设计：	张合涛
责任印制：	迈致红
出版发行：	中华工商联合出版社有限责任公司
印　　刷：	北京毅峰迅捷印刷有限公司
版　　次：	2022 年 8 月第 1 版
印　　次：	2022 年 8 月第 1 次印刷
开　　本：	710mm × 1000 mm　1/16
字　　数：	145 千字
印　　张：	13.25
书　　号：	ISBN 978-7-5158-3444-3
定　　价：	59.00 元

服务热线：010-58301130-0（前台）
销售热线：010-58301132（发行部）
　　　　　010-58302977（网络部）
　　　　　010-58302837（馆配部、新媒体部）
　　　　　010-58302813（团购部）

工商联版图书
版权所有　盗版必究

地址邮编：北京市西城区西环广场 A 座
　　　　　19-20 层，100044
http：//www.chgslcbs.cn

凡本社图书出现印装质量问题，
请与印务部联系。

投稿热线：010-58302907（总编室）
投稿邮箱：1621239583@qq.com

联系电话：010-58302915

推荐序1

做自己想做的人

人生最大的成功就是：做自己想做的人，干自己想干的事，去自己想去的地方，说自己想说的话。

可真正能做到的人有多少呢？

有的人不敢想。为了生存，削减了个性，遗忘了梦想，激情渐渐消磨在岁月里。

有的人不愿想。停留在舒适区里，得过且过，浑浑噩噩，不知何去何从。

还有的人想不出。不知道自己为什么而活，对人生的目的和方向感到迷茫。

在林芳芳身上，我看到了一种敢想、愿想、想得出的特质。通过她娓娓道来的自述，她从家庭主妇到亿级企业创始人的人生蜕变跃然纸上，其中既有她奋斗成功的经验，也有她遭受挫折的教训。

正如林芳芳在书中提到的，女信力量，就是相信自己，活出力量感。只有从内心深处相信自己，不给自己设限，才有可能找到自己的价值，发掘自己的人生意义。我相信，只要你用心走进林芳芳的故事，一定也会感到这种力量。

这种力量具有五个共同的核心特征：

第一，做目标明确的人，找准方向；

第二，做乐观积极的人，知足感恩；

第三，做勤奋高效的人，学会管理时间；

第四，做善于学习的人，每天进步1%；

第五，做马上行动的人，养成良好习惯。

读林芳芳的这本书，对我也是一种激励和教育。一个个真实和真切的选择，引人入胜，带我看到她的勇气和憧憬，看到她如何下定决心，用坚强的意志奋斗不息，活出精彩的人生。在成功的背后，她陪伴更多的人终身成长，带领一群人不断探索未知，成为自己想做的人。相信广大读者在读完这本书之后，也会有同感。

人生不该设限，一切皆有可能。林芳芳的成功经验，是可以被复制的。只要你相信自己，肩负使命，努力拼搏，就有可能改写自己的人生，创造非凡成就。

让我们以梦想为灯塔，向女信力量致敬，继续砥砺前行，实现精彩的人生。

行动教育董事长　李　践

2022年6月16日于花瓣楼

推荐序2

绿树成林,芬芳自来

本书作者林芳芳是厦门市女企业家协会的一名优秀的姐妹,我是抱着学习的心态看完这本书的,感触很多、很深,可以用八个字总结——绿树成林,芬芳自来。世界上所有的幸福,闻起来都是努力的味道,从她的身上,我看到了新生代女企业家"自爱、自信、自立、自强"的风貌,看到了我们"女企人""至爱、至信、至立、至强"的精神。在此,借由芳芳的书,我想与女企业家姐妹们,与女性同胞们共勉:只要你绿树成林,芬芳自来。

终生学习,成就卓越,只要你想,永远都不迟!

厦门市女企业家协会会长　陈琦琪

2022年6月24日

推荐序3

数日前,芳芳给我发来一条微信:"师父,我筹备一年创作的《女信力量》即将出版了!这本书讲述了我在做品牌之前,从宝妈到做代理商创业的起起伏伏。您一直鼓励我输出自己的价值,成为影响他人、激励他人、赋能他人的企业家,我希望通过分享自己的那段创业经历,给正处在挫折迷茫中的女性提供一些信念与力量。在此,诚挚邀请师父为我的新书作一篇推荐序。"

当我收到芳芳这份特殊的邀约时,欣喜之余亦倍感荣幸。作为芳芳一路走来的见证者,我所看到的是一位新时代女性的自我成长与华丽蜕变,由衷地为她今天的成就感到骄傲与自豪。在她身上展现出来的极为珍贵的个性与品质——独立自主的精神意志、干练优雅的职场风格、满腔诚挚的待人之道、勇于跳出舒适圈的果决坚毅——总会给我们这些生活中的朋友带来巨大的精神鼓舞。

芳芳与我因"余歌演说"而结缘,是我的第34位弟子。芳芳第一次来到"余歌演说"的课堂上,就给我留下了深刻的印象:那是一场为期三天的思维课,她利用课后午休的间隙,跟我畅谈自己企业的愿景与梦想,我瞬间被她描绘的未来企业蓝图所深深地吸引。

作为微商行业的佼佼者、优秀的企业领导者,芳芳一直倡导"微商企业化,企业平台化"的理念,她认为微商行业不能过度依赖风口——风口的生命周期毕竟是短暂的。当风口消逝时,大量的微商企业终将无可避免地走向衰亡。因此，企业要实现持续健康的发展，最终还是要回归商业本质，即创造企业价值，坚持长期主义。

在这场会谈中，芳芳充满激情地向我阐述了她对微商未来走向的推演，以及对组织战略、商业模式、团队管理、产品迭代等不同维度的思考，言谈之间逻辑清晰、眼神笃定，而我则在一旁专注地聆听，并深深地为眼前这位年轻女性所折服。尽管是与芳芳初次见面，但那时我便坚定地相信：芳芳是一个智慧过人的商业天才！

令我震撼的是，芳芳前瞻性的战略思维、敏锐的市场洞察，以及对行业精准的研判与决策。要知道，五六年前的微商正在以迅雷不及掩耳之速崛起，微商从业者也犹如雨后春笋般快速生长。而芳芳却能在市场狂热之时，保持冷静、审慎的战略定力，去理性看待行业的未来，颇有几分诸葛亮"未出茅庐，已知天下三分"的气魄！

在其后的几年时间里，芳芳和她的团队一路披荆斩棘、风雨兼程，一群可爱、可敬的追梦人在奋斗的道路上永不停歇。而她领导下的乐恩控股集团，凭借着优秀的战略能力和强大的组织能力，早已实现了企业"平台化、品牌化、专业化、规范化"的战略布局与转型变革，最终奠定了市场领先地位。

目光所及处，皆为风景；登高望远时，皆有收获。如今的芳芳，站在更高的维度上看待生命的价值，她以更强烈的使命担当成就他人，以赋能者的姿态帮助和支持她身边的每个人。她就像田野中傲然挺立的向日葵，永远在照耀，却低调内敛、从不炫耀。

她关注员工的职业成长与发展，资助他们来"余歌演说"学习商业演说、销售思维等课程；为了帮助伙伴建立上台演讲的自信，她总是把最大的舞台留给伙伴们，鼓励他们分享自己对未来的憧憬。她也在为这个行业默默地奉献着，她曾对我说："师父，我要做的事情还有很多，远不止这个品牌而已，我想要赋能整个微商行业，为志同道合的人提供一站式服务，解决更多人的就业问题。我一直相信我奔跑在一个拥有未来的行业里，我没有理由不去做。"

芳芳非常推崇稻盛和夫"敬天爱人""利他之心"的人生哲学，也很认同陈春花教授"价值共生""个体赋能"的管理理念。多年来，她一直都秉承着"与其做行业的盈利者，不如做行业规划者和鼓舞者"的信念，不断用自己的力量为微商正名，她希望与更多志同道合者一路同行。

随着经济全球化和数字经济的发展，多元、平等、包容的价值理念已经成为人类社会的共识。我们可以看到身边涌现出越来越多的女性领导人、企业家和管理者，她们在用行动印证着女性力量的崛起，女高管的身影更是比比皆是：IBM 首位女性 CEO 罗梅蒂、Meta 前 COO 桑德伯格、格力的董明珠，而在阿里巴巴，女性高管的比例超过三分之一。

这意味着，职场女性正在以一种更为深刻的方式参与，甚至主导商业世界的变革。女性领导力的觉醒，不仅得益于外部环境的改善，更发端于女性越发强烈的独立意识。事实上，女性领导力，更强调的是对女性选择权的尊重。

伟大的音乐诗人莱昂纳德·科恩的《颂歌》里有这样一句歌词："万物皆有裂痕，那是光照进来的地方。"亲爱的读者朋友，当你读完这本书，了解到芳芳的创业故事与经历，或许你能看到另一种生活的可能——从一名普通的家庭主妇到身价数亿的商界花木兰，芳芳华丽转身的背后，在于她不断丰盈自己、拓展视域，不断冲刷自我认知的边界。

让自己成为生活的掌舵者，生活只青睐奋斗者，与性别无关！

余歌®演说品牌创始人　余　歌

2022年6月23日

前　言

相信自己，活出力量感

2022年的元旦跨年夜，我在飞机上度过，不同于往日，这一时刻对我来说意义非凡。乐恩年终盛典的圆满结束不仅给我和乐恩的2021画下了完美的句点，也意味着我与乐恩将开始一段新的征程。

在天空之上，我头顶璀璨星河，脚抵万家灯火，充满了飞行的浪漫。当航空公司跨年语音响起的那一刻，我内心激动之情难掩，兴奋地对身旁的先生说："新年快乐！"

这一句祝福饱含了太多深意，有对未来的憧憬，也有对往昔的追忆，不禁让我感慨万分。

我从未想象过自己的人生也可以活得这般精彩。 2014年至今，我走遍了祖国的大好河山，从南到北，由东至西。这些年间，我飞行的次数数以千计。如果在天空中画上我所有的飞行轨迹，那么它一定是一个无比密实的毛线球。每一次飞行，都是为了奔赴下一场山海。可八年前，当我还是一位家庭主妇，活在家长里短时，这些都是我不敢想象的。

从家庭主妇到市值几亿元的企业创始人，我的人生实现了蜕变。

大学毕业后，我便步入了婚姻殿堂，成为妻子、儿媳、妈妈。我成为家庭主妇，照顾整个家庭的衣食起居。用世俗的眼光来看，我是极其幸运的，有疼爱我的先生，家境富足，能许我一生衣食无忧的生活。

可生活毕竟不是童话。

我与大多数女性一样，遭遇了现实的问题，手心向上的生活让我变得敏感而卑微。婚后，我将自己所有的时间和精力都倾注在家人身上，他们的一言一行都能牵动我的喜怒哀乐，我逐渐迷失了自我。婆媳关系问题和孩子的喂养问题也时常让我处于崩溃的边缘。我在无数个深夜痛哭过，一想到一眼就能望得到头的人生，我感到深深的绝望。

而这也迫使我开始思考，人生的意义、女性的价值到底在哪里。

自古以来，女性的独立价值就被忽视，她们往往需要依附家庭、男人来实现社会价值，繁衍后代，相夫教子是她们的本分。社会环境、家庭期望总是教导女性要过上一种四平八稳的生活，而这种**外在环境成为阻碍女性向外突破的藩篱。**

另外，这种现象也值得我们反思：在职场中，一些重要的职位大多由男性担任，而鲜见女性的力量。事实上，这一现象并不完全归因于性别歧视、社会成见、男性与女性分工的差异等因素，**还与我们女性自身缺乏征战职场的自信和冲劲有关。**

比如，男性多半将自己的成功归功于自己的能力，而女性通常将自己的成功归功于运气；男性在职场中通常敢于抓住机会，而女性在遇到相同的情况时往往表现得被动。

外在环境压力和女性内在自我设限的双重压力让我们女性生活在焦虑与迷失中。

试想，连独立价值都被忽视的女性，还谈何人生意义呢？我们有些人一直在庸庸碌碌地为他人而活,或者活在别人设定的价值体系里。

认识到这些,我才明白,女性只有首先从内心深处相信自己,不给自己设限,才有可能找到自己的价值,发掘自己的人生意义。我将此称为女信力量——相信自己,活出力量感。

正如作者吉姆·奎克在《无限可能》一书的开篇所说:"如果鸡蛋被外力打碎,那是生命的结束;如果鸡蛋被内力打破,那是生命的开始。奇迹的开端永远在事物内部。"

既然循规蹈矩的生活并没有给我带来预期的幸福,反而让我在本该神采飞扬的年纪心灰意冷、黯然失色,那不如就做我自己,靠我自己,成就自己,试一试自己的极限到底在哪里。**于是,我踏出了自我改变的第一步**。弱者遭遇苦难,一味抱怨,就此沉沦;强者逆流而上,另辟蹊径,勇往直前。

经过理性思考,我作出了一个决定。

首先,调整自己的心态,做一个知足感恩的人。

一个人如果要想真正获得快乐,他就不能把这个快乐的权利交由别人,他应该活出自己最好的状态,激发快乐的源泉。而且,不管处在任何环境下,我们都应该心存感恩,只有这样才能真正获得快乐。

我要改变自己的状态,经营一份自己的事业,找寻属于自己生命中的那一道光,我要为自己,为梦想而活。而那时,我已 27 岁,是两个孩子的母亲,没有任何工作经验。这个阶段是大多数人历经生活的挫折,败于现实,终向命运低头,说一声"算了"的年纪;是大多数人口中不要折腾的年纪。

我没有用世俗的眼光给自己设限,因为内心始终有一股暗自涌动的力量，让我不甘于平凡，不能碌碌无为地过完剩下的人生——我想要发光发亮。2014年是我人生中的重大转折点，在一个机缘巧合下，我走进了微商。

真正为自己而活了，才发现这是需要勇气和能力的。手心向上，无需过脑，而手心向下需要审时度势，主动出击，需要能力，需要内心强大。**而修炼这一切的性价比最高的方式就是学习。**

当微商整个行业陷入低谷，被众人诟病时，我放下了所有的坏情绪，开始辗转日本游学，想要知道我所从事的行业到底有没有未来。日本的百年企业，及稻盛和夫先生给了我答案：它让我更加坚定，乐恩要做一个行业的长期主义者。

从北京金错刀老师的爆品会课程，到日本游学，后来又学习创业黑马，接着走进吴晓波老师的企投会，再到深度行走以色列，走进百年名校斯坦福，对话顶尖学者，碰撞商业思维……从课堂到游学，一路以来，我辗转全国各地不断丰富自己、提升自己。这也助力乐恩看清了未来的商业趋势及发展方向。

正如著名企业家宋志平先生曾说："我觉得，领导者就是被捆在桅杆上为整个团队眺望远方的人，虽然会经历风吹浪打，但是永远不能遮掩远望的视线。"这种视线，来自于创业者的不断学习。得益于思维和格局的宽广，使得乐恩在每一个发展阶段都能破解瓶颈问题，跨越关口，愈发坚韧地成长。

在不断成长和蜕变的过程中，我也找到了一份伟大的事业，可以为之奋斗终身，肩负使命，砥砺前行。带着一群人，真正实现从年轻到年老的不断成长，并且成为我们同龄人当中优秀的一群人，是乐恩

前　言

不断践行的使命。

没有谁天生就是企业家，不断学习、不断成长、不断蜕变是每一个创业者从成长走向成功的必经之路。

从家庭主妇、全职宝妈到微商代理，再到如今成为乐恩企业的创始人，**我实现了平凡人的创业人生，实现了逆袭和蜕变，成就了更好的自己。回首昨日，我深感女信力量的强大。**

如今，越来越多的女性打破世俗观念，跨越性别在各行各业里贡献自己的价值，她们彰显了女信力量的魅力。她们身上具有一种普遍的特性——专业、有韧劲，活得有力量感。

也许有人认为，将自己与那些在某一领域内取得卓越成就的女性相提并论，渺小如草芥。可如果我们带着这样的思维就大错特错了，**我们需要对女性独立及其价值有一个正确的认知。**

很多人会将女性的独立、价值视为世俗意义上的成功——经济独立，我认为这是十分片面和局限的。**我认为，女性独立的关键在于内心获得成长，精神变得富有。**

这些年来，我从最初一个毫无工作经验、不善言辞的宝妈，变成企业的创始人，敢于在万人面前演讲，并享受整个演讲的过程。这一路荆棘丛生，委屈、痛苦席卷而来，但通过一次次自我排解，通过找寻问题的解决方案，我变成一个内心强大且有力量感的人。每一次战胜困难，取得成果，都让我感受到自己的价值和存在的意义，我的内心不断丰富。

这一路走来，我也深刻意识到：思维的高度和格局的宽广度决定了我们能走多远。只有打破认知的天花板，才能不断赋予我们前行的力量。

其次，女性独立的意义在于我们有改变现状的勇气和能力。

无论我们是选择征战职场，还是退守家庭，相夫教子，只要出自我们的内心，而不是囿于世俗，那么这就是女性独立的一种体现，而这种价值也是不可估量的。

婚姻家庭是一种互利共赢的关系，为了更好地经营这个家，有人选择冲锋打头阵，自然需要有人退居后方，看守阵营。只不过，退居后方也只是千万种活法中的一种，并不是唯一的选择。

我们时刻都不要忘记修炼自己的能力，当有一天我们对现状感到不满，需要到前线战斗时，依然有选择的权利和能力。

最后，作为女性创业者，如果今天的我算得上有一点小小的成就，那么我也希望用自己前行中获得的能量、经验去帮助更多迷茫中的夜行之人，为她们点亮前行的航灯。

成功者都有迹可循，我们要做的是不断学习。

需要明确的是，创业者看似只有一腔热血，但其成功背后却有一般人都看不到的底层逻辑和规律。**除了孤勇，我们更需要具备经营智慧来突破企业在经营发展中的困境。**

比如，任何时候经营者都不能背离经营的本质，即为客户创造最大的价值，否则必然会走向穷途末路。再比如，经营者要选择做一个长期主义者，而非短视的利益追求者，这样才能实现基业长青。

而很多时候，我们往往致力于寻求最先进的经营管理之道，而忽视了将最稀疏平常的品质或伦理观作为企业经营管理的理念。殊不知，经营的智慧蕴藏在最基本的道德准则中。虽然在激烈复杂的商业环境中，这种经营理念看似过于单纯，但它却正是能看清事物本质，帮助

前 言

企业做出正确决策的有效方法。

而这些经营理念也是我在不断学习、实践中获得的。**创业者"九死一生",为了减小创业的失败概率,你要做的只有学习,不断突破自己认知的天花板,这也是企业经营制胜的关键。**

如果我的经历、乐恩的经历能给创业中的你一点点启发,那么于我将是一件再幸运不过的事,这也是我写作此书的初衷。希望通过这本书,能帮助迷途中的你找到人生的价值和意义,同时也能帮助万千女性创业者,在漫漫的创业征途中找到方向,活出最真实的自己,传播更多的女信力量。

深切祝愿每一位女性都能活出自我,彰显女信力量。

让我们一起共勉!

目 录

第 1 章
要想改变，就要踏出改变的第一步

一个女人能够蜕变的关键在于其内心深处的驱动力：你究竟想要的是什么，有多想要，为了实现它你愿意付出多少。挂在嘴上的不甘，只能让你成为"怨妇"，要想改变，就要踏出改变的第一步。你有多想要一样东西，就会为它付出多少精力。

1.1	家庭主妇是世界上最危险的职业	003
1.2	深度思考可以改变你的人生	008
1.3	学习，是我踏出的第一步	013
1.4	找到自己的定位	017

第 2 章
人生不该设限，一切皆有可能

对于女性来说，尤其是中年女性，最致命的就是认命，觉得什么年龄、什么身份该做什么事。其实，真正能够限制你的并不是年龄和身份，而是你自己。生活没有太晚的开始，只有你做与不做、开始与不开始的区别，没有哪一种人生该由年龄、身份、性别来定义。

2.1　女性，到什么年龄就该做什么事吗?　　023
2.2　人生应该有更多的可能性　　028
2.3　相信别人的努力，看得起当下的自己　　035

第 3 章
从追随者，到开拓者

创业者似乎都无法逃脱在高峰低谷之间交替的轮回宿命，像一个夜行之人，于黑暗中跌跌撞撞，守得云开见月明。幸运的是，两次低谷让我如获新生，于艰难中看清了命运的格局，感知到了自己的使命，从追随者，到开拓者，立志要做微商界的百年企业。

目 录

3.1 遭遇低谷，陷入徘徊、迷惘　　　　　　047

3.2 相信"相信"的力量　　　　　　　　　　062

3.3 口袋富有、受人尊重、内心富足　　　　070

3.4 那些打不倒我的，必将使我更强大　　　076

3.5 感知使命，布局健康产业　　　　　　　092

第 4 章
以爱之名，打造微商行业最有温度的企业

真正能够长久的企业必然是有温度、有情怀的企业，而不是一个只会赚钱的机器。乐恩一路走来，不断迭代、裂变，唯一不变的是为代理创造幸福生活、筑梦人生的坚持。传播有温度的文化，打造有温度的团队，是乐恩实现品牌梦想、书写品牌使命的必经之路。

4.1 股权激励制：人人都是股东　　　　　　103

4.2 乐恩"女信节"：绽放"女信"成长力　　109

4.3 乐恩休息日：与家人携手同行　　　　　114

第 5 章
打破行业旧格局,实现微商"重生"

过度依赖风口,而背离企业经营的本质是传统微商行业的通病。所以,当风口发生偏转时,很多企业都面临绝境。微商从迅速崛起,历经巅峰,到走向衰落,成为大多数人口中的昨日黄花,是野蛮生长下的自取灭亡。改进传统微商行业的弊端,规范化、专业化、平台化、品牌化是时代所驱,也是微商企业重生并坚韧生长的唯一路径。

5.1	传统微商行业的痛点	123
5.2	产品研发升级,超越消费者期待	127
5.3	服务传递爱意,解决一切难题	132
5.4	赋能代理,激发团队活力	136

第 6 章
日复一日的坚持,才有扭转乾坤的力量

很多时候,企业经营者致力寻求最先进的经营之道,却忽视了将最稀疏平常的品质作为企业经营管理的理念,比如坚持。将这一品质作为企业经营的原理和原则看似过于单

纯，但它正是在任何时候都能看清事物本质、做出正确决策的有效方法。坚持不等于无所作为或一条路走到黑。它是大智慧，既不失正确的方向，又能为企业发展提供源源不断的动力。

6.1	不停止步伐，于危机中寻求转机	145
6.2	昨日的坚持，积聚今日的光	150
6.3	顶尖高手，都是长期主义者	155

第 7 章
你只管精彩，一切自有安排

法国文学家托马斯·布朗曾说："你无法延长生命的长度，却可以把握它的宽度；无法预知生命的外延，却可以丰富它的内涵；无法把握生命的量，却可以提升它的质。"成为一个内心充满能量的人，在人生路上永远不停止成长，时光总会给予你最好的馈赠。

7.1	做一个内心充满能量的人	165
7.2	赋能一千万女性	169
7.3	那些逆风翻盘的人生	174

第 1 章 Chapter 1

要想改变，就要踏出改变的第一步

一个女人能够蜕变的关键在于其内心深处的驱动力：你究竟想要的是什么，有多想要，为了实现它你愿意付出多少。挂在嘴上的不甘，只能让你成为"怨妇"，要想改变，就要踏出改变的第一步。你有多想要一样东西，就会为它付出多少精力。

1.1 家庭主妇是世界上最危险的职业

故事要从 2014 年说起。

在 2014 年以前,我从来没有想象过我的人生还会有另外一种可能,另外一番光景。那时的我,用世俗的眼光来看,已经完成了人生中的两件大事——为人妻,为人母。

在外人的眼里,我既是普通的,又是极其幸运的。普通之处在于,我与很多女性一样,被妻子、母亲的身份定义,囿于柴米油盐、相夫教子之中;而幸运之处在于,我有一位十分疼爱我的先生,家境殷实,能许我一生衣食无忧的生活,让我安心地做一位全职太太。

婚姻美满,家庭幸福,这大抵是绝大多数人心中向往的生活。

我至今都还清晰地记得,先生在婚前对我说的那句"我养你"。那一幕,像极了童话故事的开头,他仿佛是骑着白马的王子,从远处走来,拂落了一身星光，选择与心爱的姑娘一生同行。而我就是影片中的女主角，头顶星光熠熠，内心幸福涌动，认为世界上最大的幸福也莫过于此。

可现实并不会像童话那样"从此过上幸福的生活"。婚姻生活如人饮水，冷暖自知。

我与先生虽然始于两情相悦，但并不被他的父母看好，经过一段时间的争取，我们才终于走向婚姻的殿堂。曾经的我，单纯且天真。我曾想，只要我在婚后好好地尽孝道，照顾好一家人的生活起居，教育好孩子，就能赢得公婆的认可，但生活往往是事与愿违的。

婚后，我努力扮演好儿媳和妻子的角色。每天早早起床打扫卫生，精心准备一家人的一日三餐。即使是怀孕后，我也仍然挺着大肚子奔波于菜市场，认真地履行着"家庭主妇"的职责。

每一个女人在初为人妻、为人儿媳时，都是怀着一颗赤诚的心，温柔、善良地对待自己的家庭。我们曾经都是一杯开水，是生活让我们变凉了。由于与先生长期分隔两地，再加上与公婆在生活中的摩擦及无法从家庭生活中获得正向反馈和成就感，我变得十分敏感。

婆婆是一个热情的人，她喜欢跟邻居聊天。那段时间，只要下楼，我都会认为邻居们在对我指指点点，议论纷纷。我委屈极了，但更委屈的是，除了先生，我再无任何倾诉对象。那时我将先生视为情绪的唯一出口，如救命稻草一般，每每与他通话时，内容都锁定在了委屈、抱怨中。起初，他满是心疼，不断安慰，可时间长了，电话那头也就变成无尽的沉默，毕竟与公婆朝夕相处的人是我，很多事情他始终都无法感同身受……那时候，我才发现，婚姻就是在潦草的现实中，隐忍地活着。

在憋屈与压抑中,我生下了第一个孩子。新生命的到来,更是加剧了家庭的"战火"。育儿观念的差异,让我频繁与婆婆产生分歧。再加上,孩子抵抗力很差,经常生病发烧,那段日子,我时刻行走在崩溃的边缘。

后来因为受国外环境的影响,先生所在公司的经营模式进行了调整和转型,先生回到了国内。虽然我们结束了长期两地分居的状态,但摩擦和争吵也随之而来。面对我与婆婆之间的矛盾,他始终找不到一个好的解决方式,甚至变得愈发不理解我,继而开始选择逃避、买醉,常常夜半而归。

而我却不能如他那般"随意"和"洒脱",常常在不被理解、委屈、失望的情绪缠绕得喘不过气来时,还要继续面对嗷嗷待哺的孩子。有时候当我好不容易把孩子哄睡,他一身酒气归来,把孩子抱起,逗孩子玩乐;当孩子哭泣时,再把孩子交给我,自己则沉沉地睡去。那些夜晚,我流下了无数的眼泪,但我却连放声大哭的权利都没有,因为生怕再次把孩子吵醒。濒临崩溃时,我都要极力保持理性和隐忍,只为给自己留下一丝喘息的机会。

有了孩子后,养育孩子的开销很大,先生因为生意不太景气,导致我们时常要找公婆要钱。每次要钱时,先生总会因为生活中、工作中的一些琐事与他们发生激烈的争吵。在这些争吵声中,我的自尊心一次次被摧毁、被瓦解。

那段时光,是我人生的至暗时刻,也是我内心最受煎熬的时刻。事实上,从小到大,我都是一个性格要强的人。无论是在学习上还是生活上，我都会尽量做到最好。可婚后做家庭主妇的这段日子，纵然物质生活优渥，但我却活得没有半点尊严。

我开始焦虑、不安、恐惧、失望，常常因为一些琐碎和鸡毛蒜皮的事与先生发生争吵，硬生生地把自己活成一只刺猬。我怀抱着想改变却又不知道如何改变的不甘心生活着，像一个溺水之人，在水中苦苦挣扎，想寻求生机，又颇感无力。我仿佛被痛苦浸泡着，在无数个艰难的夜里，恨不得剔骨重生。

身处婚姻的围城，可围城里的一砖一瓦，都附着委屈、荒凉与无奈。

有人说，做一名合格的家庭主妇，比做一个出色的员工更难。这句话一点儿也不假。虽然有很多年轻人认为家庭主妇是一个值得敬佩的角色，因为她们放弃了工作的机会，放弃了成就自我的机会，在家里照顾家庭，守一方安稳，但仍有很多人认为家庭主妇是不挣钱、不费力的角色。

我曾经看到一篇热文，名字是《我的妻子，没有工作》，文章详细描述了家庭主妇一天的日程安排：从清晨便开始忙碌，准备一家人的早餐，再送孩子们去上学，去菜市场买菜，然后马不停蹄地赶回家做饭、打扫房间、准备晚饭、照顾孩子用餐，饭后清洗餐具、辅导孩子作业，然后哄孩子们上床睡觉。一天24小时，除了睡觉的时间，几乎"随时待命"。

可她老公却逢人诉苦："我的妻子没有工作，是我在养着她。"

作为一名家庭主妇，我们付出的不仅仅是辛劳和大把时间，更要忍受来自四面八方的心理压力。国外针对30岁至60岁的女性做过一个调查，最后得出结论：家庭主妇是世界上最危险的职业。

第 1 章　要想改变，就要踏出改变的第一步

我之所以说这些，并不是让所有女性不要做家庭主妇，而是以自己的经历告诉女性：**家庭主妇，不是赋闲在家，而是爱的退让**。婚姻是一场合作共赢的关系，为了经营好这个家，有人冲锋打头阵，自然需要有人退守后方，看好阵营。

说到底，家庭主妇不过是一种人生选择，而不是你的全部人生。

1.2　深度思考可以改变你的人生

这是我想要的生活吗？

在做家庭主妇的那段日子里，我在无数个夜晚一遍遍地问自己，我开始重新审视自己的生活，深度思考自己的人生。

我问了自己三个问题——

第一个问题：我痛苦的根源到底是什么？

第二个问题：我还这么年轻，我未来几十年的生活都是这个样子吗？

第三个问题：我要在争吵、委屈、难过中度过自己的余生吗？

通过深度思考，我找到了答案。

我痛苦的根源是依赖，这也是大多数家庭主妇痛苦的根源。自从成为家庭主妇后，我把所有的希望、所有的喜怒哀乐全部寄托在了先生的身上。因为从小缺乏父母的陪伴，所以我格外期待获得家庭生活的

第 1 章　要想改变，就要踏出改变的第一步

温暖。久而久之，这种极度的期待就变成依赖。形成这种依赖后，我所有的情绪都会受到先生的影响，他否定我的一句话、一个眼神，都会让我极其难受和无助。如果我要改变这种痛苦，就要改变这种依赖关系，我不能把快乐的权利交由别人，而要找到属于自己的快乐。

找到了让我痛苦的根源后，如何做出改变才能让自己快乐呢？我开始思考第二个问题。

我发现，当我失去自我，在日复一日中痛苦地消磨自己时，也忽视了生活对我的馈赠，忘记了感恩。当我环顾四周，一种久违的幸福感、快乐感油然而生。家里的衣食住行，富足的物质条件，都是公婆在年轻时通过打拼给予我们后代的，纵然生活中有摩擦、有矛盾，我对此永远都应该保持感恩之心。

所以，使自己变得快乐的第一件事，便是学会感恩。生活本就不是一帆风顺的，无论在何时，身处何地，我们都不应该一味地责怪、抱怨，而是首先要学会感恩，思考哪些是我们所拥有的，这样才能用一种积极的心态去应对生活中的不如意。

那天夜里，我在日记本中写下了两个字——乐恩，那是支撑我更好地走下去的力量。我甚至将自己的 QQ 名也改成了乐恩，希望别人每叫我一次，就提醒我一次，要学会快乐和感恩。

另外，要使自己快乐，我们要学会做自己。

躬身自省，曾经的我头顶星光熠熠，可自从我弄丢了梦想，就此黯然失色，我的灵魂也好似沉入了一片咸湿的海。我迷失了自己，把自己弄丢了。

岁月漫长，人生苦短，也许有人能给我们锦衣玉食，让我们现世

安稳，但自我价值和满足感任何人都给不了，只有靠我们自己去努力争取、不断创造。

既然循规蹈矩的生活并没有给我带来预期的幸福，反而让我在本该神采飞扬的年纪心灰意冷，那不如就做我自己，靠自己，成就自己，试试自己的极限到底在哪里，真正为自己而活。

我要摆脱身上的枷锁，除了妻子、母亲的身份之外，我更应该有属于自己的身份。顷刻之间，一股滚烫的力量指引着我走向更高、更远的地方，一个念头油然而生——我要拾起我的工作，重新出发，干一番属于自己的事业。

也是在那一刻，在那个普通却又异常璀璨的夜晚，我再次触摸到了梦想。它能量满满，光彩照人，它用一个声音告诉我，如果现在的生活更多地带给我的是囚困，那我就应该选择奔跑，自由驰骋，追寻那片属于我的星辰大海。那一夜，霓虹点亮了城市，如天上的星河倒流人间，每一条街道都涌动着光芒。

经过深度思考，我与先生进行了一次促膝长谈。在我的印象里，那是一次久违了的时光，自从我们有了孩子，便很少再有这样的契机。通常他忙于工作，而我则将大多数精力都放在孩子身上。久而久之，也很少这样心平气和、敞开心扉地进行交谈，关于家庭、人生、价值、事业、理想的交谈。

先生当时对我说的话，我至今记忆犹新。他说："其实我也一直在反思，原以为给你富足的生活，就能让你快乐，但结果恰好相反，你在琐碎中迷失，而我愈发地不理解。不过，这也让我们都明白了一个深刻的道理——真正好的婚姻生活，除了物质基础、真心之外，更需要彼此各方面的势均力敌。对于你，更是如此，因为我了解你的个性。所以你想工作，重新追寻你的梦想，我会全力支持你。"

是的，除了物质，我还想要梦想，想要自己的事业，我想要通过自己的努力去创造价值，我想要独立，想要自由。尽管世事茫茫，前程未卜，我也不希望给自己留下遗憾。

虽然我早已下定决心要去追寻自己的梦想，但先生的话，无疑让我更加坚定了自己的抉择，他的支持、鼓励，让我内心充满了感激之情。

从那时起，我的生活又出现了一道光。那道光，是朝阳，它冲破生活的层层阴霾，直接照亮了我的心底——我如释重负，重获新生。虽然我深知，前方的道路上会有很多挫折、困难，但当你抬头看见朝阳的时候，就一下子有了勇气，这种勇气会让你无所畏惧，勇往直前。

那是我经历的人生中的第一次深刻思考，那是一次关乎家庭、个人、梦想、事业的思考。也正是由于那次深刻理性的思考，给我提供了现实的指导意义，让我之后的行动更加理性。

经过反复思索揣摩后，我对自己定下了以下要求：

调整心态，学会感恩。

学会做自己，丰富自己的内心，不断学习提升自己，为之后投入工作做准备。

风起于青萍之末，浪成于微澜之间。多年前的那次深度思考，就此改变了我的人生轨迹，改变了我的一生。

想要改变，就要学会深度思考，深度思考其实就是剖析自己，想要什么，能做什么，怎么做，然后想到怎么行动才能实现目标。只有能正视自己的内心并想要改变的人，别人才能帮助你。多一份理性的思考，多一点长远的思维，至少可以避免很多错误或者不必要的事情，也只有这样自己才能够越来越好，否则旧的问题不改，新问题不断，人生还有什么改变的可能。

作者吉姆·奎克在《无限可能》的开篇中说："如果鸡蛋被外力打碎，那是生命的结束；如果鸡蛋被内力打破，那是生命的开始。奇迹的开端永远在事物内部。"

1.3 学习,是我踏出的第一步

很多人都不乏梦想,不甘于现状,但唯独缺少落地实践的能力,常常夜半思索万千,但到天明时,依然选择走自己的老路。正如网络上流行的一句话:"晚上想想千条路,早上醒来走老路。"

如果你有凌云壮志,且不甘于平凡,那就竭尽所能去追寻自己的梦想。只是在这个过程中,除了勇气,我们更要有让自己具备改变现状的能力。

如何才具有改变现状的能力?我的答案是通过不断学习。

手心向上无需过脑,而手心向下需要主动出击,需要能力,需要内心的强大。

俗话说,当你的能力无法匹配上你的野心时,学习就变得极为重要。其实,学习对于任何人在任何阶段都十分重要。它不仅能开阔你的思维，打开你的格局，还能指导我们的行为，改变我们的生活。

作为家庭主妇的我，将所有的精力和视野都放在了家庭中，疲于生活，疏于学习，久而久之，我的眼界和目光都比较狭窄，只能看到孩子的奶粉尿布、家庭的一日三餐，以及家人的喜怒哀乐。可人生本不该如此，它除了柴米油盐，还有诗和远方。

当下定决心要重新投入工作后，我开始寻找一个契机。我深刻地明白一点，无论其他的需求有多么迫切，我首要的目的是提升自己，关注自己内心的成长。而这一点在任何年龄、任何阶段都应该放在首位。所以，我购买了很多关于女性成长的书，在书中找寻自我，追寻真我，跳出爱钻牛角尖的思维，借用他人的智慧，让内心变得富足。

我也开始观看一些与财经相关的电视栏目和杂志。因为长期围绕柴米油盐，使我迫切需要汲取一些相关行业知识，从中洞察商机。

我也格外关注目前社会上的一些工作岗位，我会参考自身的条件，思考自己是否适合投入其中。

那段时间，我每天给自己制定了详细的时间表，就是为了合理规划，给自己腾出更多的学习时间。通常孩子入睡以后，才是属于自己的最佳时间，所以熬夜看书、学习甚至成为我的一种习惯。那股学习的劲头，有时甚至超过了高考前学习的状态。

不过，随着年龄的增长，记忆力也减弱了些许，再加之，有时经过孩子一天的折腾，等自己坐下静下心来学习时常常精疲力竭。偶尔，我甚至也动过放弃的念头——何必要如此折腾自己呢，生活又不是不能过，选择普通安稳地过一生不也挺好吗？

但一想到要再次回到现实生活中，庸庸碌碌、浑浑噩噩地过完这一生，我又心有不甘。我害怕当自己老去的那一天，后悔自己不曾努力拼搏过。正如我们常说："每个人都会死，但不是每个人都曾'活'过，大部分人真正恐惧的并不是死亡，而是在生命到达尽头时，暮然回首，才发现自己从来没有真正地'活'过。"每当这时，梦想中的美好画面又不断浮现在我眼前，给我提供源源不断的动力。

多年后，我也明白了一个道理，其实真正的勇士，很多时候并不是无路可退，而是有路可退，却断了所有的退路去应战。

从家庭主妇到微商代理，再到之后的企业创始人，一路历经艰难险阻，我愈发感觉到学习的重要性。虽然在我决定要踏入工作领域之初，我的学习只能算浅尝辄止，但也正是萌发的这种学习、思考的格局意识，为我之后踏出的每一步都奠定了坚实的基础。

或许，才华与运气可以为你的人生推波助澜，但格局才是命运的中流砥柱。怎样才能具备深远博大的格局观呢？通过不断学习。不断学习，让我更加清晰地认识到自己的无知，让我深刻地认识到自己所掌握的知识只是冰山一角。也正是基于这种积极的求知心态，让我能够在之后的成长中不断汲取扎根的力量，立于风雨中而不倒。

每一次改变都是礼物，每一次蛰伏都是扎根。人生没有所谓的弯路，走过的每一步路，都是到达终点的必经之路。

学习的重要性并不仅仅针对想要投入工作或创业的女性而言，对于家庭主妇同等重要，因为在任何时候我们都不应该忘记提升自我价值。

哈佛老师给学生上了一节课。在课堂上，他拿出 20 美元，询问学生，有谁想要，所有学生都兴奋地举起了手。接着，他将这 20 美元在手中揉搓一番，继续询问，有谁想要，同学们依然全部举起了手。最后，他将这 20 美元丢在地上，踩了几脚，又拿起来询问，所有同学仍然举起了手。老师语重心长地说："之所以无论我怎么对待这 20 元钱你们仍然想要它，就是因为它从没失去它的价值。正如生活中一些时候，我们感觉受到生活的摧残，被狠狠踩在脚下一样。但不管发生什么，不论即将发生什么，我们千万不要失去自己的价值，失去你的重要性。"

如何才能不失去自我价值？只有通过不断学习。

通过学习，我们可以不断丰富自己的见闻，在他人的故事中，获得人生的智慧和启迪，进而能内心富足，更好地面对生活；通过学习我们能获得一技之长，赋予自己选择的底气，即使我们"退隐江湖"，哪天再回来，依然能有独立面对生活的勇气和能力；通过学习，不断提升格局，我们能更好地处理各方面的人际关系。

无论你是家庭主妇还是职业女性，永远不要忘记学习，永远不要失去自己的价值。相信我，只要不断学习，你终将会收获更好的自己。

1.4 找到自己的定位

经过第一次深度思考，我逐渐找回了自己的状态，但同时我深知，要想真正投入工作，那么首先要找到自己擅长什么，想要做什么，需要给自己一个大致的定位。

我对自己做了一个理性的分析，写出了当时所面临的问题：

多年来一直围绕着家庭，没有工作，现在的我价值几何？
我的优势体现在哪些方面？
从事哪个领域会更让我得心应手？

于是，我开始思考自己的工作经历。
虽然大学毕业后我便直接结婚生子，并没有太多职场相关的工作经历，但我在大学兼职期间，也曾获得了自我价值和成就感。

曾经，我也是一个富有梦想，本意要为追逐梦想而活的人。

在婚前，我对自己的事业充满了期望。

因为从小受长大后想要经商的信念影响，在大学时，我总想做点什么，为自己毕业之后的从商之路做一些铺垫。那时，淘宝行业刚刚兴起，一个机缘巧合让我进入了这一行业。

那是一家销售护肤品的店铺，其中的产品主要针对大学生或年轻人这一群体。由于当时人们对于淘宝这种新型营销渠道还不是特别信任，大多数人都持观望态度。但这家店铺却有线上、线下两种销售渠道，支持同城取货，所以很快便赢得了学生们及年轻人的青睐，而我就是其中一位老顾客。

有一次在取货时，我意外发现他们在招聘兼职客服，每天只需工作三个小时，时间比较自由。我想，这正好符合我的需求，既可以积累一些经验，也不会耽误学业。于是，我便参加了面试，最终顺利成为他们的线上兼职客服。

在成为线上兼职客服不久，我偶然接到了店铺负责人的电话，他说因为负责线下渠道的一个女孩子生病请假了，需要我临时帮忙接待一位线下顾客。那时，我心里一阵打鼓，内心感到无比慌乱。虽然我从小性格开朗，但对于面对面销售，我一直都心存偏见和畏难情绪。我总认为，面对面销售需要抛头露面，还要察言观色，似乎不是一份怎么体面的工作，而这也是我当初选择做线上客服的原因。不过，这种心理在今天看来显得十分幼稚和可笑。

我至今都记得第一次接待顾客时的场景。

第1章 要想改变，就要踏出改变的第一步

在领导的办公室里，我与客户相对而坐。对我来说，那是一间"极其小"的办公室，因为里面装满了我的不安和局促。我的手应该放在哪里？我的眼睛该看向哪里？仿佛我的一举一动，甚至连呼吸和心跳声都接受着客户的审视，让他尽收眼底。那一瞬间，我的内心开始闪过自己从小到大受过的一些评论，主要是关于批评和不足……我开始变得更加没有自信，心想："他会不会认为我资历不够，觉得我不够专业？""我该怎么跟他交流？"我内心愈发紧张、慌乱，我的表情和动作也随之开始僵硬，变得面红耳赤。我带着轻颤的声音，结结巴巴地与他开始交流，眼神交汇的那一刻，不自信、紧张感如狂风暴雨般来袭，我大脑中一片空白，立刻低下了头。

在之后的整个交流过程中，我几乎连头都没有再次抬起来，手心、后背全是汗，一种挫败感油然而生，但也就是这种挫败感，激发了我的斗志，让我下定决心想要学习如何与顾客面对面沟通、交流。

之后，我便开始转战成为线下兼职客服，并找到了线下业绩做得最好的那个女孩，不断向她取经，而她也总是倾囊相授。那时，我把她视为自己的"师父"，跟着她从基本的话术开始学起，并认真研究每种产品的成分、功效以及适用的肤质等。同时，在实践中我还会对自己与顾客的沟通情况进行复盘。

书痴者文必工，艺痴者技必良。在认真、刻苦地学习了三个月后，我的业绩突飞猛进，成为销售人员中的佼佼者，且荣升成了店长。

这段销售经历，不但打破了我对销售的原有认知，帮我解决了畏难情绪，而且还给我建立了超强的自信心，为我之后的事业打下了坚实的基础。

我不禁开始回忆那段美好的时光，当自己的努力被肯定时，内心的那种充盈感是任何事情都无法替代的，那时的我处处都散发着自信且迷人的光芒。

那段销售经历对我产生了很大影响，它让我发现了自己的优势，让我更想从事销售行业。另外，它唤醒了我一直以来的梦想，坚定了我的从商信念。

我想要寻找一个机会，等待一个逆风而上的契机。只是在这个过程中，我需要给自己充电，疯狂汲取知识和能量，待机会来临时能牢牢握住它。

人生中没有一劳永逸的安定，把危机当成机会，把改变刻在心中，才能真正地拥抱未来。

当你想要做出改变，但又没有方向时，首先要学会给自己定位。如何定位呢？结合过往的经验理性分析自己，挖掘自己擅长什么，看清自己的优势体现在哪一方面，接着结合自己的兴趣做出规划。这样，我们的改变才有意义。

第 2 章
Chapter 2

人生不该设限，一切皆有可能

对于女性来说，尤其是中年女性，最致命的就是认命，觉得什么年龄、什么身份该做什么事。其实，真正能够限制你的并不是年龄和身份，而是你自己。生活没有太晚的开始，只有你做与不做、开始与不开始的区别，没有哪一种人生该由年龄、身份、性别来定义。

2.1 女性，到什么年龄就该做什么事吗？

经常有女性朋友问："我 30 岁了，应该结婚生子了吗？我已经是一个妈妈了，应该安稳地在家相夫教子吗……"

这些问题都在指向同一个意思：到什么年龄就该做什么事，特别是对于 30 岁的女性来说。真的是这样吗？

这让我想起了某期《奇葩说》中出现的一位人物，他是清华大学知名的博士学霸，本科学习法律专业，硕士研读金融专业，博士又念了新闻专业。就是这样一位厉害的学霸，却问了评委这样一个问题："我应该找一份什么样的工作？"

这句话一下"击中"了评委，让他们感到十分不解，其中一位评委说："其实在你来之前，好多人都向我推荐过你，你应该是清华最优秀的在校博士生之一，可是你今天的表现太让我失望了！"

另外一位评委也说:"你因为别人的一句话而赌下自己好几年的人生,没有自己的判断,真的很危险!"

的确,堂堂清华的博士学霸,本应该是"天之骄子",有自己的梦想,也有决心,有能力闯一番事业,而他却不知道自己想要什么,应该做什么,实在愧对名校近十年的教育。

而现实生活中,大多数女性的困惑与这位清华博士毫无二致:我想要什么?我应该做什么?我的人生应该是怎样的?

从小我们就被教育要好好上学,但自己却没有很强的信念感,不知道好好学习是为了什么。我们一路被外力推着向前,取得不错的成绩,上一个好的大学,找一份在他人眼中还不错的工作,然后是结婚、生子。至此,人生的终极目的似乎也已经完成,剩下的人生都在迷茫中度过。

在社会学里,有一个概念叫"社会时钟"。它是一种外部期待,是一种社会文化所形成的生命节奏,它会迫使每一个卷入这个文化场景中的个体,有意识或无意识地遵从这个节奏往前走,所以有时候不在这个节奏上,你会有一种莫名的焦虑,甚至一些人觉得理应如此。

很多女性都生活在"社会时钟"里,并且深陷其中,无法自拔。

观看影片《无问东西》时,其中淑芬的故事令我震惊。淑芬是典型的"循规蹈矩"之人,但也正是这份"循规蹈矩"最终作了恶。她将自己的人生全部寄托在先生身上和家庭生活中,所以当外界冲突打破了这份"循规蹈矩"时,她选择了结束自己的生命。

20世纪60年代的淑芬也许不懂,人生的归宿并不全是婚姻、家庭,但现在的我们是否能明白,人生的目的地也不只是家庭这一方小小的天地。

第 2 章　人生不该设限，一切皆有可能

很多女性被世俗的条条框框限制，但又无法抚慰自己向往自由的心灵，因此常常深受折磨。其实"社会时钟"并不一定适合所有人，当我们感到无比困惑和煎熬时，不妨跳脱出来，这时你会发现，原来人生如此宽广，它并不是他人为我们设定的样子。

在我的成长经历中，我也经常听到诸如此类的话：你现在已经当妈妈了，不要再整天嘻嘻哈哈的了；你已经35岁了，应该……你已经是一个企业家了，应该……

我不能理解，为何很多人会将女性结婚、成为母亲，做为一种无形的边界，你到了这个位置就意味着不能再尝试其他的事情，只能收敛起所有不符合"妈妈"身份的言行，活成别人所谓的"该有的样子"。

对于女性来讲，**最致命的就是认命**。在我进行深度思考、找到自己的定位后，我明白了一个道理：生命的意义不在于固守，而是开拓，定义自己的，从来不是年龄和身份。

我想用自己的亲身经历告诉所有女性，女人最好的时候，并不是由年纪决定的，而是由你的知识储备和阅历决定的。真正能定义我们的是积极的生活态度、向上的价值观，以及丰富的经历。

幸好，越来越多的女性开始打破思维的局限，用她们积极的状态重新定义女性本该成为的样子。不给自己设限，永远追求更好的自己。

就拿我喜欢的网球名将李娜来说。在众多人眼里，李娜的成名稍晚，甚至有很多媒体拿她的年龄说事，但她一向都是坦坦荡荡，认为"年龄只是书面数字，今天的你总是比明天更年轻"。所以，本着这种心态，她忽视了年龄的限制，总是在不断追求更好的自己。她年过30岁依然做了很多事，创办网球学院，研读 EMBA……而这些经历也让

她成为更好的李娜。

又比如，我之前在微博上看到的一些新闻，日本一位新晋的网红老奶奶，72岁才接触相机，88岁出版个人写真；80多岁的杭州老奶奶穿着12厘米的高跟鞋走秀，成为中国最时尚的老太太。

她们撕掉了年龄的标签，打破了世俗的枷锁，绽放了人生的光芒。她们无一不用精彩的故事向我们证明，不设限的人生更精彩。

没有哪一种人生该由年龄来定义。当我把想工作的念头告诉亲朋好友时，他们说过的最多的话便是："你年纪也不小了，都是两个孩子的妈妈了，何必折腾呢。"

可我心意已决，所有的忠告与建议都笑纳，却还是果断地选择自己要做的事。岁月可以改变一个人容颜，但摧残不了一个人的斗志，我的选择和努力没有被年龄限制，即使已到达大多数人心里认为不该折腾的年纪，我依然选择翻越面前的一座座高山，一刻都不曾停歇，只为和更好的自己相遇。

真正能够限制你的并不是年龄和岁月，而是你自己。

我之前在网络上看过一段话：

15岁的时候，你觉得游泳很难，你就选择了放弃，可当你喜欢的人约你去游泳的时候，你只能尴尬地说"我不会"；18岁的时候，你放弃了学习英语的机会，可后来你发现自己在各个方面都很突出，唯独英语是自己的缺憾。

很多时候，我们以为是年龄和岁月阻碍了自己前进的脚步，其实阻碍你的只有你自己。你可以和喜欢的人，重新开始学习游泳；你完全可以在未来的工作中继续学习英语课程，补足自己的遗憾。

让岁月和年龄不"设限"才是你通往成功的捷径，生活没有太晚的开始，只有做与不做、开始与不开始的区别。

最后，希望每个女性的选择，不是出于到了什么年龄，而是"我想"和"我愿意"；不是出于周围的人期待你成为什么样的人，而是出于你自己想成为什么样的人。

2.2 人生应该有更多的可能性

2014年，我成为一名微商，就此开启了全新的人生旅程。或许没有人能理解我在这个过程中需要付出的东西，毕竟当时的我生活安稳，完全没有必要改变身份，去尝试一种全新的生活方式。

一路走来，我收获了太多的惊喜和蜕变，而这些都是曾经的我不敢想象的。当我回首那些艰难的、幸福的光影时，也更加明白了一个道理——女人永远不应该给自己的人生设限。

我是如何成为微商的？这还得从买鞋的故事说起。

每个女孩似乎都对鞋子有一种莫名的情感，于我而言更是如此。在还是一名家庭主妇时，我把所有的精力都放在了家庭中，几乎停止了一切社交活动，曾经一起玩耍的朋友也都渐行渐远。那时，买鞋成为我生活中唯一的乐趣。

当时，在我家楼下，有一家女鞋店，生意非常好。这家店的鞋不但款式漂亮，而且穿起来也十分舒适，做工、质量都不错，性价比极高，所以我自然而然就成为她家的常客，与店铺的老板也十分熟悉。那时，老板常跟我说："芳芳，你出来做事情吧，可以开淘宝店，帮我卖鞋。"最初，我以为她只是随口说说而已，便也没有在意。

可之后每次遇见她，她都会跟我提及这件事情。有一次，她说："我上个月光在微信上卖鞋就赚了一万多元钱。"说实话，当我听到一万多元这个数字时，对我触动很大，毕竟从我毕业后已经整整五年多没有凭借自己的能力挣过钱了。据我观察，她在朋友圈中所发布的一些鞋子的图片，就来源于她家线上的淘宝店铺，图片拍摄效果并不好，甚至可以用比较粗糙来形容，可如果即便是这样都能达到这么好的效果，那我完全有信心自己会比她做得更好。

基于此，我开始了人生中的第二次深度思考。

虽然在此之前我已经下定决心要出来做事，也做了相关准备，但是在职业选择这一块，我更加理性和慎重，我深知绝不能"饥不择食"。毕竟我已 27 岁，远远不像刚毕业那会，已经没有了太多试错的机会。所以，我只有一个想法——如果我选择出来做这件事，那么就必须全力以赴把它做好。

从现实的情况来看，从我上大学开始，社会上很多淘宝店铺就如雨后春笋一般发展得很好，而且许多店铺都有一支专业的团队，他们对于如何经营网上店铺，已经积累了相当多的经验；同时，他们在经营过程中也积累了一些比较稳定的客户。而对于我而言，多年未工作，显然已经错过了最好的时机，输在了起跑线上，若突然选择进入淘宝行业，后期获客也存在大问题，完全不具备竞争优势。

相对而言，微商却是一个不错的选择。它的经营模式十分简单，对于新手非常友好，前期并不需要投入太多资金，而且在当时来说，整个市场几乎处于空白，通过微信获客相对比较容易，这也是我们现在所说的私域流量的优势。我在大学时有打理淘宝店铺的经验，知道如何将商品的详情页设计得好看一些，也懂得一定的销售技巧。所以，综合来看，选择微商也算得上是具备一定的优势。

经过一番理性思考，我下定决心准备做微商。当时，我向鞋店老板提出了三点要求。

第一，必须支持一件代发。什么叫做一件代发？也就是说，自己每卖出一双鞋，就从店铺拿一双鞋给客户发货，自己不会囤货，这样便不会占用太多资金。

第二，自己从店铺拿的每一双鞋子必须是批发价。这主要还是为了保证顾客的利益，毕竟成本越低，给客户的价格也会越低。当时我在批发价上，也只给每双鞋加了20元钱的利润。

第三，我朋友圈中所卖鞋子的款式必须完全由自己自主选择，并且允许自己在店铺内拍摄图片。这点在今天看来，相当于我们所说的选品，我深知只有自己眼光独到，始终站在顾客的角度帮他们亲手挑选质量好、款式佳的鞋才能得到大家的信任。

当然，作为回报，店家可以无条件地使用我拍摄的图片，可以用于淘宝、微商等任何商业用途。

老板是一个爽快人，很快就答应了这些条件。从此，我便开启了微商一件代发之路。

第 2 章　人生不该设限，一切皆有可能

起初，我多少会有些顾虑，毕竟微信朋友圈是一个相对来说比较私人的空间，在微信朋友圈中做商品推广，也是一件十分新鲜的事，所以不知道身边的人对此的接受程度如何。但同时，另一个坚定的声音又立马打消了这种顾虑——我是站在一个专业的角度帮助女性朋友买到一双适合自己的鞋。如果她们有需要，那再好不过，通过我的朋友圈分享，她们可以更加放心地购买。

这种顾客第一的理念，从我选择出来做事的那一刻起就在我心底扎了根，也成为我日后做事的信念和准则。

那时，我会在拍商品展示图时，尽量展示鞋子最真实的一面，但同样也追求展现鞋子的美感，让顾客能更加全面立体地了解鞋子的全貌。

当时我请了妹妹过来帮忙，因为她的脚十分好看，所以就成为我的第一位脚模；恰好妹夫又颇爱摄影，便顺理成章地成为我的摄影师；同时，由于我知道如何设计出好看的商品详情页，便将这些技术运用到后期图片处理中，做出的图片十分精美。

显然，除了真实美观的图片之外，我还需要进行获客。当时，我的微信中只有 47 个好友。为了获客，我编辑了一条信息："这是我朋友店铺的鞋子，大家要买鞋的话就可以直接找她。"我将这条信息，群发给了微信中仅有的 47 个人，完全没有给他们任何拒绝我的机会，省略了一切问候、寒暄，诸如"在吗，帮我个忙可以吗"，而是"单刀直入"，后面还直截了当地说："亲爱的，可以帮我发一条信息到朋友圈吗？"并附上了配图。

慢慢地，一些很久以来没有联系的朋友也开始熟络起来，通过他们的介绍，我的微信里开始有了大量的顾客。

就这样，我的微商起步之路还算比较顺利，在第一个月，便赚了5000元钱。或许在一些人眼里，这些钱不值一提，但对于当时的我来说，却意义非凡。在某种程度上，它甚至超过了我日后企业销售额达到十万、百万，乃至千万的价值，因为我不仅挣来了重新启程后的第一笔钱，而且也为自己挣来了关于未来的无限可能。我仔细地盯着微信余额中的数字，看了良久……

我很用心经营我的朋友圈，我坚持只分享美观、舒适感强且质量好的鞋子，慢慢建立起一套比较独特的粉丝分享模式，不久也有了自己的代理。

最开始，我的这种营销方式，也受到了他人的质疑和"冷眼"。自从我开始从事微商以来，向来只关注家长里短的邻居们似乎对我的生意也格外热心起来，见面时说的最多一句话便是："做这个也能赚钱？"

当然，也有人开始带有恶意攻击我。我无意中刷到了这样一条朋友圈："那谁谁，我就不点名了，天天在朋友圈里刷屏，烦不烦？"并放了一张微信头像截图。我定睛一看，很快就意识到她口中的那个人就是我，虽然她装模作样地将图片头像打了码，但那一抹醒目的紫色早已暗戳戳地指向了我。

人一旦树立了某种信念，便不会在乎他人的闲言碎语，会始终朝着自己的目标坚定地前行。面对这些，我不置可否，常常一笑而过，似乎这些言语已经完全不足以激起我内心些许的波澜。当时的我，想法很简单，时间能证明一切，无需附加太多言语。支持我的人，我必将十分感激，也希望自己能继续努力，不辜负他们的期待；不关注我也十分正常，但我确实没有必要把精力放在一些无端讨厌我的人身上。

有趣的是，之前那位发朋友圈指责我的人，后来居然主动成为我的代理……

不过，在辛苦忙碌时，我偶尔也会顾影自怜。自从有了大量的顾客和订单后，从店铺拿鞋回家发货就成了家常便饭，往往一拿就是好几十双。那时，我拎着巨大的塑料袋，顶着炎炎烈日在路上行走，手被勒得生疼。偶尔碰上塑料袋质量不好，满袋的鞋子便会在半路散落一地，面对周围人的异样眼光，我最开始会感到些许狼狈。之后，为了解放自己的双手，我便买了一辆小推车，可那辆小推车却会发出咯吱咯吱的异响，每次我推着几十双鞋走在小区的路上，那声音便开始"响彻云霄"，随之而来的还有我些许的难为情。不过，我心中一直都有一个声音告诉我，成功绝不是一件轻而易举就可以做到的事情。

因为我的微商销售反响很不错，不到两个月，每个月净利润就能达到上万元，甚至还积累了一些自己的代理。随之而来的是更多的商家，想让我用同样的方式帮他们卖衣服，但都被我一一回绝了。我当时有一个坚定的信念，即我出来做事的初衷——既然我选择了做一件事情，那么我就会把这件事情做好，做到极致，只要他们想买鞋，就会找我，我要做鞋业中的金牌微商。

我一路朝着梦想走来，也朝着属于自己的追求前进，即便遇到再大的挫折、失败，我都选择了坚持，选择了不给梦想和追求"设限"。从勇敢踏出第一步开始，在我的人生信条中，便再无"我不行""我不可以"的观点，相反，我看到了人生中更多的可能性，而现在的成功是对我最好的回报。

女性思维模式的固化，会让我们在习以为常的思维中，主动按下停止键。当我们从一个又一个的思维定式中突围而出，你会发现，眼前的路，不再是弯弯曲曲的一条小道，而是很多条宽阔大道。至此，你拥有了质量更高的多样化选择。我们将去往一个拥有无限可能的未来。

2.3 相信别人的努力，看得起当下的自己

在做鞋子生意五个月后，我感觉自己似乎遇到了瓶颈，虽然生意一直很好，但我也开始思考自己今后的发展。

经过一段时间的摸索，我发现销售鞋子也分淡季、旺季，而且它并不具备广阔的市场，所以从长远来看，具有明显的局限性，似乎并不是一件十分有前景的事。再加上，随着生意越来越好，自己想要的款式店铺那边常常没有充足的资源，而且因为店铺中换了一个"90后"小女生，在店铺拍摄效果图时，原本需要她协助去仓库找款式，她却常常爱答不理，不愿意配合，让妹妹和妹夫也变得十分尴尬。

一段时间后，身心的疲惫让我下定决心让自己休息、放空一段时间，同时停下来认真思考一下未来的路到底要怎么走。不过，有一点我很确定，为了更具有市场前景，我决定做一款没有淡旺季之分的产品。

休息期间,我去了一趟西安,那时正值先生在西安工作,正好借此机会出去放松几日。刚开始几天我感到十分放松,不用整天捧着手机,回复顾客的消息;不用想着拿货发货的事情;不用拍图、修图;每天睡到自然醒,这种久违了的悠闲日子让我感到格外惬意。

可是,这种心灵上的惬意不久就被微信朋友圈扰乱了节奏。一次,我在酒店中刷着手机,发现朋友圈几乎被我之前卖鞋的代理们刷屏了,但他们发的并不是我之前卖鞋的图片,而是各式各样其他商品的图片,这才短短几日……那一刻,危机感蓦然而生。

曾经的我被包裹在一个狭小的圈层里,对自己取得的一点小小成就感到无比满足。可换了一个环境,我却发现自己的格局和认知是那么小,那么浅。在现实面前,我感觉自己好像刚看到朝阳却又陷入了新的黑暗。不过,如果说黑暗也有等级的话,幸运之处在于我挣脱出了迷失自我的泥潭,这一次是在如何实现自我价值中寻寻觅觅——我每天都在思考,自己到底要经营什么产品。

那时,我在朋友圈中关注了一个女孩子。之所以关注她,是因为她活成了世上绝大多数女性想要的样子——独立、自信、勇敢。或许有人会说:"单凭朋友圈几张照片就可以判断她的性格以及工作生活方式吗?那都是别人有意制造出来的假象。"

但我内心却始终有这样一种信念:"相信别人的努力,看得起当下的自己。"这种信念是影响我从0到1精彩蜕变的精髓。我相信他人通过努力能改变自己的命运,我更加坚信自己也可以做到。

很多时候,我们总是喜欢戴着有色眼镜看人,用自己的浅薄认知去揣测他人,对于女性更是如此。在同学聚会上,听到某个女同学生活得很幸福时，大多数人的第一反应是"她肯定是嫁了一位有钱人"，或者"拼命读书有什么用，长得好看就是有绝对优势"；看到朋友圈中某个女生如今事业非常成功时，有人又会说"事业成功有什么用，还不是离婚了""做微商就能成功？都是忽悠人的"；可是当你拥有这样的心态，反映到自己的生活中时，我们会不断给自己暗示："我的人生就是这样了。"虽然心有不甘，但却又把自己捆绑，逐渐泯为众人。

我们经常会在网上、生活中看到一些励志女性的故事，可当我们真正看到她们的努力时，却又不敢承认，总是摆着一副"不可能""成功哪有那么容易，肯定是忽悠人"的姿态。不相信别人的你，又如何能相信自己？

当我们在不屑、质疑别人的努力时，不妨认真审视一下自己。要承认别人的优点，看得起别人的努力。同时激励自己，打破对自己的认知局限，不给自己设限，永远努力做最好的自己，这样才能让自己有所成长，变得闪闪发光。

正如《如果你生来没有翅膀》一书中所言："世人如面料，有人因出身低微而明珠蒙尘，有人因出身尊贵而金玉其外。而现在，在她的设计领域里，她就是至高无上的主宰者，尽可改写各种面料的命运，就像她曾改写了自己的人生。"我想将我最喜欢的一段话分享给所有看尽世间现实后依然不甘于现状、坚持追求梦想的人。

多年以后当我在事业上取得了一些成绩，我更想将这种理念分享给所有人。

时间依然回溯到我关注那位女孩时，一次机缘巧合却开启了我事业的新起点。

当我正在焦虑自己应该做什么时,偶然翻阅她的朋友圈,我发现她正在代理一款面膜。通过深入了解我发现,当时那款面膜做得十分好,有自己的品牌,产品质量高,并且在2014年就已经在上海外滩拥有了大型的广告牌。而正好,这款面膜也符合我当时想做的产品调性,于是我便购买了这款面膜,自己开始体验。

当时市场上片状面膜的种类远不如现在繁多,且大多数面膜都是以透明质地为主,主打补水,而她家的面膜则是乳白色质地的功能性面膜,有美白、提亮、抗衰等功能,使用一段时间后效果也十分明显。

其实,面膜的质地不同代表着技术的差异。透明材质的面膜我们可以称之为可融合性面膜,乳白色的则可以称为乳化型面膜。乳化型面膜采用的技术可以让面膜里面的各种成分不相互排斥,可以稳定地发挥作用,起到更好的效果,这也是一种专利技术。显然,这种面膜在当时具有强大的技术优势,我后期对该品牌也做了深度调研。

同时,我也做了另外一件事情。我在酒店花了三天时间,与微信中的400多位好友一一进行了联系。我给每个好友发送了一条信息,大致内容是感谢他们一直以来对我生意的照顾,现在我准备去做其他产品,而且我最近发现了一款效果很好的面膜,有没有人愿意跟我一起试用。

我根据每个人的不同情况编辑了不同的信息,并依据他们的回复对这些人做了大致的筛选和分类。例如,愿意跟我一起试品的人,依然愿意支持我的人,长期潜水、活跃度不高的人等。

当时,除了一些年纪较大的老人以外,无论性别,我都逐一发了信息。很多男性也在第一时间回复我:"你卖的是面膜,我这大老爷们又不用。"我则打趣地回复道："你不用，可以送给女朋友呀。"

通过这种方式虽然大致帮我对朋友圈中的客户进行了分类，但筛选出愿意跟我一起试品的人却屈指可数。于是，我便开始尝试另外一种方法：团购。

其实，团购这一念头始于我还是一名家庭主妇时的一次购物经历。

那次，我带着孩子外出旅游，在一家母婴店里发现了一款小孩穿的袜子，每一双都非常好看，但价格也很贵，一双就要 20 元。耐不住袜子的颜值，我最终还是咬牙给孩子买了两双。回家之后，我还是对那些好看的袜子念念不忘，无意中打开淘宝，竟然搜到了同款，欣喜之余醒目的价格让我震惊：团购价 7.5 元一双……

于是，我将这段购物经历发到了福州当地的宝妈 QQ 群中，并配上了袜子的实物图，最后邀请其他人跟我一起团购。很快，就有 20 多位宝妈要跟我一起购买，最终我们团了 300 多双。在今天看来，我当时邀请他人参与团购所编写的图文内容用专业术语来说，就是一则产品推文——一个吸引人的故事附加精美的实拍图。

我清晰地记得，当 300 多双袜子被邮寄到家里时，公公惊讶地说："你买这么多袜子，要卖给谁？这穿也穿不完呀！"当我对他说这些全部都已经卖完时，他更是惊讶不已。那时，我开着公公的奥迪车去给每位宝妈送货，"开着奥迪车送货的宝妈"也就此成为我的标签。虽然那时我并未出于任何商业目的做了一次团购，但效果和反响其实也在无形中给我建立了一些自信，对我之后选择从事相关的行业产生了一定影响。

我将同样的方法，用到了面膜团购中，反响也不错，一个下午就卖了 20 多盒。

之后，我马上在百度上搜索到了他们的最高级别代理的联系方式，也认识了我当时的上级代理乐乐。那天晚上，我给她打了一通电话，而这一通电话，我们足足聊了三个多小时，聊天的内容并不局限于产品，而是整个生活。虽然我们远隔千里素未谋面，但初次聊天就有相见恨晚之感。乐乐也是一位已婚带小孩的女性，之前与我有着相同的经历，同样从家庭主妇进阶为微商，刚在北京买了房，有自己的团队和事业。所以，我与她有很多的共同话题。多年来积攒的委屈、不甘仿佛一下子找到了出口，她给了我人生中的第二束光。

从那之后，我们每天都会像朋友一样打电话聊天，她的言语充满了力量，既能抚慰我受伤的过往，也能给予人重新出发的勇气，激发我内心的昂扬斗志。她就是我的创业启蒙导师，为我之后的工作做了很多规划。这也让我更加深刻地体会到，这个品牌不单是在经营产品，更是在温暖、鼓励一颗颗心，帮助人实现真正的成长。除了对产品本身的认可，品牌本身所彰显的人文关怀也让我更加坚定地选择了它。

当时，正值品牌新品发布会，乐乐便邀请我去北京参会。那一次对我触动极大。

我来到北京，终于见到了现实生活中真实的乐乐。见到她的第一眼，有点令我意外，她与我想象中的样子全然不同。可当她开口的那一瞬间，我确信她就是那个乐观、坚韧的乐乐。

品牌方奖励给上一年度的销售冠军一台豪华汽车，乐乐就是其中的得主，就像带着许久未见的老朋友分享她的喜悦一样，她拉着我要去新车上拍照。我当时其实是拒绝的，一方面是因为害羞，另一方面也是因为当时自己的能力完全不能与那份荣耀牵扯上半点关系。乐乐一眼看破了我的心思，她坚定地对我说："好好干，明年这个奖就属于你。"我从来不敢想象自己有一天会变得如此厉害，但从她嘴里说出来的那一刻，是那么自然、笃定，连我自己都相信了，这也许就是她的人格魅力吧。

乐乐带我见了许多人，与他们深入沟通、交流，让我有史以来第一次感受到自己与一个优秀的圈子靠得那么近，而那里的每一个人都在闪闪发光。

从北京回来，我的内心就不再焦虑了，我开始沉下心来专注做事情。当时乐乐跟我说，她在北京每个月利润有5万多元，一年净利润达60多万元。我想我就先定一年15万元的销售额吧，我刚开始起步，一年的销售额哪怕只是她利润的四分之一都行，再不济，我三年能卖七八万元也不错，反正哪怕亏了，也不会损失太多，但这个机会我一定要牢牢抓住。

我从公公手里借了15万元，这笔钱也相当于我事业的第一笔启动资金。借钱时，我心里异常坚定，有这样一个想法：这个钱我一定能很快还给他！就这样，我拿着这15万元，成为这个面膜品牌的微商代理。

自从成为代理，我每天都跟着乐乐学习。那时，微信还不支持语音转文字，我便将她60秒的语音一条一条抄写下来，常常从晚上九点学习到凌晨两点，十分专注。

一开始父母十分担心，害怕我上当受骗，但又怕浇灭我做事的热情。于是，每次回娘家时，母亲总是会遮遮掩掩地对我说："那谁谁已经被抓了，都上新闻了，说是涉嫌传销。"其实，我明白母亲的用意，也会坚定地告诉她，自己具体在从事什么工作，听完她也安心了许多。

认真做事，总会有回报，不到一个月，我就将15万元的货卖完了。

那时我想，我刚做完15万元的业绩，朋友圈中的客户需求暂时应该也饱和了，所以在第二个月拿货时，我保守地报了5万元。乐乐看到我的数据立刻给我打来了电话，她说："芳芳呀，别人的业绩都是越做越好，你这怎么不进反退呢？"通过她的指导，我增强了信心，报了20万元的业绩。不久之后，她又给我打来了电话："不行，你看佳佳上个月业绩跟你差不多，她这个月目标是30万元，你必须再加5万元。"

说实话，起初我内心十分抗拒，佳佳可是前一年度团队中的销冠啊！我跟她怎么比？但乐乐却笃定地对我说："如果你想做好，就一定要相信我……"最终，我定了25万元的业绩。事实证明，我真的做到了。之后，在"双十一"期间，我更是做到了40多万元的业绩。不到三个月的时间，我便成为整个团队中的销售业绩第二名。那时，我的内心充满了激动和欢喜。

如果你问我当时成功的秘诀是什么？我认为总结起来主要有两大因素：第一，我敢，敢想敢做，从不会犹豫不决；第二，我非常"听话"，自从加入团队，我会严格按照团队要求落地实践，没有丝毫的马虎和懈怠，而这些其实也是基于对团队的信任。

随着业绩越来越好，也为了让我的工作能够更加专业化、规范化，我在小区租了一套200平方米的房子，并将其装修打造成自己的工作室，同时还招聘了一位助理，协助我处理日常相关工作。走进工作室的那一刻，我听见梦想生长的声音。

我从小就有一个创业梦，极有可能源于家族基因。在我很小的时候，父母就开始做生意。也正是因为父母的辛苦打拼，让我们家一直以来在物质生活上都比较丰裕。我记得，在20世纪90年代，我们家就已经有了当时比较前卫的通信工具"大哥大"。每次在我暑假和寒假期间，父母也都会带我出去玩，出行的交通工具也是飞机。在那个年代，父母通过做生意就已经积累了近百万元的财富。

所以，在我的认知里一直存在这样一种观念：通过做生意，靠自己的双手努力拼搏，就能创造自己的美好生活。但在这个过程中，我走过一些曲折的路，曾经也与梦想背道而驰，渐行渐远。好在我清醒地意识到了这一点，及时调整了方向，并再次出发。而此时，我才真正感受到自己离梦想更近了一步。

也许有很多人跟我一样，曾经有自己的梦想，却在大大小小的选择中丢失了自己，放弃了梦想。我们焦虑不安但又麻木不自知，不但没有反抗，甚至还在一边自我安慰，"就这样""算了吧"，只会在日复一日的生活中慢慢消磨自己，在现实生活面前，学会了得过且过。

有梦就追才应该是我们生命的最好状态。对于过去的选择，无须后悔。即使走错了路，及时修正才是正解。我很感谢自己的勇敢，感谢自己能够在经历多年黯淡之后依然能选择相信自己，感谢自己在看清方向之后，能毫不犹豫地重新出发，努力坚定地前行。当我35岁再次回首这一段过往的经历时，我十分感恩，它是我人生中的一笔宝贵财富，哪怕不知道未来会怎样，但却能给予我无穷的力量。

那一刻，我又萌生了一个念头。我想用自己的真实故事来启发、影响更多正处于彷徨、迷茫中的人。也就是从那时起，我的梦想不再局限于做自己的事业，满足自己的物质需求，我更想通过自己的影响力，为整个社会创造一定的价值。

而我深知，我必须再接再厉，不断提高自己，努力做一个闪闪发光，并能给予更多人光和热的人。

人生态度决定人生高度，只有不断突破才能遇见更好的自己。

Chapter 3

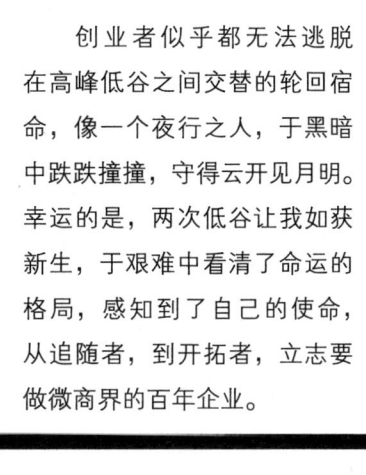

第 3 章

从追随者，到开拓者

创业者似乎都无法逃脱在高峰低谷之间交替的轮回宿命，像一个夜行之人，于黑暗中跌跌撞撞，守得云开见月明。幸运的是，两次低谷让我如获新生，于艰难中看清了命运的格局，感知到了自己的使命，从追随者，到开拓者，立志要做微商界的百年企业。

3.1 遭遇低谷，陷入徘徊、迷惘

高峰和低谷的交替，似乎是创业者面临的常态，身为其中一员，我亦无法逃脱这宿命。

取得短暂的荣光之后，我进入创业期中的第一个低谷。经过2014年11月份的业绩高潮，自12月份开始，我的业绩出现直线下滑。之前每月业绩高达40多万元，但12月份业绩却少得可怜，我也尝试寻找原因，进行总结，但却一无所获。一时间，我的心态出现了问题。

前期我们帮团队赢得了众多荣誉，很多人慕名而来成为乐乐的代理。因此，乐乐投入了大量的时间，花费很多精力去指导新人，基本已无暇带我。我感觉我离那道光也越来越远。加之，我跟她才三个月的时间，并没有积累太多经验，也不具备独当一面的能力。所以，当团队业绩突然下滑，又没人指导时，我感到格外失落，每天都提不起劲。

不久，公司便通知我们准备开年会。听到这个消息，让我原本无比沮丧的心情起了一层涟漪。我开始兴奋和期待，因为我从来没有参加过公司举办的年会。

一天，老板和乐乐突然对我说："芳芳，你销量这么好，要不再冲个 10 万元的业绩，这样你就能获得一个季度大奖，根据过往业绩计算，这个奖全品牌只有三个人可以获得……"当时对于整个微商行业来说，销量、业绩就是衡量一切荣誉的唯一标准，可从现实出发，如果只是单纯关注代理的拿货数量，没有配合相关的制度措施，无法让这些产品真正触及消费者，那么这种方式最终反而会使终端代理的货物大量积压，堵塞销售渠道。

听到这一消息我倍感压力，但又想抓住机会，争取一份荣誉。根据过往的经历，我深知业绩是团队至高无上的荣耀，没有什么能比在公司的大型颁奖活动中拔得头筹更能振奋团队的士气。那就像一股神奇的力量，它能让团队能量满满，战无不胜，攻无不克。

可如果要继续补货，也意味着我要孤注一掷，将手中仅剩的本金投进去，那本是我准备还给公公的钱。我内心十分挣扎，一边想要牢牢抓住机会，一边面对自己当时的境遇又有所顾忌。思索万千，最终我还是选择补了货，因为我太想拿一个大奖给我的团队，我太想让我的代理们看到希望，我希望用这种振奋人心的力量快速有效地带领团队走出低迷。

可是，命运跟我开起了玩笑，正是这新补的十多万元的货，彻底压得我喘不过气来，将我拉入了更深的谷底。

对于我来说，2014 年年底至 2015 年年初是一个十足的"寒冬"，团队的业绩亦如季节一样萧条。那段时间我顶着重重压力，自己无法出货，团队也一片"哀嚎"。

好不容易熬到2015年1月份的年会，却被告知，今年要根据2015年1月份的销售业绩来确定各团队入场代理的人数，三万元一个名额。而我在2014年12月底刚冲完40多万元的业绩，团队在顶峰时期又遇到了瓶颈。2015年1月份再拿业绩来压我，我实在想不出任何办法。

最终，通过业绩计算，我的团队只有五名代理可以参加年会，而很多其他整体业绩根本不如我的团队却带了十几二十多个人来，这令我十分难受。

随着年会进度的推进，一种强烈的不安随之而来。

我内心愈发着急，像热锅上的蚂蚁。我不断给乐乐发信息确认："这个季度奖什么时候颁，前面都颁了这么多奖，感觉年会都要结束了。"可乐乐始终都没有正面回复我。在年会临近结束的时刻，主持人终于念到了我的名字。

仿佛尘埃落定，一切既在情理之中又在意料之外，公司给我颁了一个十分普通的奖。这个奖就像我们节假日进入商场时每个商家都会给你发放的一张入门级优惠券一样，几乎人人都能获得。

很多人同时扎堆上台领奖，这与当时老板和乐乐跟我承诺的完全不一样，这完全不是我孤注一掷，想要给代理争取的那一份荣光。

望着台下团队中的那五张面孔，我感到揪心的疼，觉得自己有愧于他们。因为信任，他们选择了与我并肩前行，而我的责任是带领他们收获更好的人生。但从目前的状况来看，我好像做得糟糕极了。台下原本应该有更多的代理，原本我想用自己积攒的光来鼓舞他们，可一切都未能遂愿。

　　而且，在这次颁奖之前，公司的政策也做了一次巨大调整，大幅度压缩了我们各级代理的利润空间。为何说是大幅度压缩呢？根据我当时库存的 40 多万元的货来算，即使我全部卖完，也只能赚到 5000 多元，小代理就更无利润可言。销量下滑、利润骤降，面对这些问题，我感到无助和无尽的失望。

　　这是我第一次进入公司做微商销售，一开始就经历了巅峰，又瞬间跌落谷底，巨大的起伏让我一下完全不知所措，我心里委屈极了。

　　一瞬间，各种情绪排山倒海而来，愧疚、心疼、失望、怨恨、绝望如狂风暴雨般狠狠地砸向我，我的心像被万根钢针插着、绞着，喉咙里也像被卡了千万根刺。领完奖我再也绷不住，立马冲下台跑向了洗手间。我的眼泪像开了闸的洪水，啪啪掉落，一发不可收拾。看着镜子里迅速红肿的眼睛，尚存的一丝理性又告诉我，我的代理还在外面等着我，我不能在这种艰难时刻还向他们传递这些负面情绪。我不断强迫自己进行深呼吸，同时又不断安慰自己，吞咽今天的委屈，就能喂大明天的格局。只要我能忍下来，将来就一定用十倍、百倍的荣誉补偿回来。

　　经过几个来回地反复调整，我重新回到了会场，好在因为现场灯光的原因，代理并没有发现我的异样，只是问道："芳芳，都要散场啦，你刚刚去哪啦？我们都找了你好久。"也就是这一句话，又激起了我心中的五味杂陈，险些让我极力克制的情绪再次爆发，眼泪也开始不听话地在眼眶里打转，我只好装模作样地催促道："咱们赶快回酒店吧，今天太晚了。"我生怕与他们多待一秒，就会在他们面前崩溃。

第 3 章　从追随者，到开拓者

回到酒店，我给乐乐打电话嚎啕大哭，一直问她为什么，想让她给今天发生的事情一个合理的解释。但电话那头，却没有任何理由，只是时不时地重复着一句话："芳芳，你要向前看。"我当时极度不理解，为什么不能给我一个理由？一直让我向前看是什么意思？为什么不颁季度大奖？是遗漏了，还是取消了？我只想要一个答案而已，毕竟当时是他们告诉我公司有这样一个激励，我才选择继续冲刺的。那时我心想，即使积压了很多货也没有关系，我慢慢卖；没有利润也没有关系，卖完这批货，后面还可以重新挣。但一个人的自尊心，一个团队的荣誉绝不能丢。

那天晚上，这些东西彻底击碎了我这一个多月以来的失落，继而转为失望、无助、孤独、迷惘。记不清到底哭了多久，便累得睡去了。凌晨 4 点多我被这种极度沉重的情绪惊醒，一回到现实又开始难过地大哭，我还是怎么都想不通，又一次给乐乐打了电话，而她依然重复着那句话。

我多么希望乐乐当时能向我解释一句，因为某些原因取消了这个奖项，也帮你做了很大的争取，但最终还是无能为力；哪怕只是对我说一句公司有要求，无法向下透露真实缘由，都会让我心里好受一点儿。我怎么都想不通，曾经那个给了我生命中一道光的女人，如今距离我如此遥远，好像我们再也无法走进彼此的内心。

那时我除了难过，甚至开始有点怨恨。其实，我冲业绩既是为自己的团队，也是为了乐乐。而乐乐当年也确实凭借着我们的支持，获得了整个公司的年度销售冠军。我这么努力，这么义无反顾，这么信任她，却换不来一个解释，我对她和公司感到彻底失望。

那时，我便决定回福建，也暗自下定决心不再继续做这个品牌，因为这里已经没有值得我留恋的人和事。

好在我没有就此丧失前行的勇气，我开始下定决心重新寻找品牌，寻找一个逆风翻盘的机会。

从北京回来之后，我便开始留意其他品牌，我想要找一个能够助力我们团队发展的企业。在今天看来，经历低谷也并不是一件坏事，它能让我更快地看清一些东西，给我一些新的启发。

基于第一个品牌的代理经验，我对之后挑选合作的品牌有了大致的方向和要求。我要寻找一个相对成熟的品牌，一方面，能保证产品品质，并有相对完善的机制，自己或团队投身其中也能学到很多东西，获得成长；另一方面，我希望品牌能为我们提供一个广阔的发展空间。

2015年虽是微商快速发展的时期，小品牌数不胜数，但想要找到一个真正满足以上要求的成熟品牌也绝非易事。所以，那段时间，我几乎每天都在寻寻觅觅。

一次偶然的机会，我在东南卫视发现了这样一个品牌。当时能在电视上打广告的微商品牌几乎见不到一家，而他们是我看到的唯一一家，而且东南卫视收视率很高。不难想象，这个品牌能在东南卫视做广告，可见实力非同一般。而且，通过广告宣传我还发现，它在当时就已经与京东建立了合作关系。在当时，一个微商品牌能与京东合作是一件十分了不起且有格局的事。

那一刻，我就像沉睡了好久又猛然惊醒了一般，立刻上网进行了解，发现这个公司实力强大。我赶紧拿起了电话与品牌方进行确认，对方告诉我，他们是从电视购物转型做微商的企业，目前正在招商，计划招 10 个总代理，之后所有资源都会平均分给这 10 个总代理。

我当时听完觉得实在太棒了。公司产品实力这么强，营销能力这么强，又只招 10 个总代理，这正符合我的理念，不做小的公司，一定要做大品牌，这样我和团队才能得到扶持。我又问道，如何才能成为这 10 个总代理中的一员，他们称要投资 60 万元。

听到这个回答简直如当头棒喝，压力排山倒海而来，我的心情就像过山车一样，刚看到了希望，又被现实的压力重重一击。家里还积压着上个品牌 40 多万元的货，手里一点流动资金都没有。

突然卖不出货，却找不到原因，一时间我感到束手无策。但其实从今天来看，这一切都再正常不过，因为销售也具有周期性，一下拿了很多货，本来就需要一定的时间消化。在这期间我们要么去做新增团队的事情，要么就需要等待一段时间，一起帮助代理把货销完，让他们再来补货。可在当时我却缺乏这种周期性思维，也没人指导，所以感到十分迷茫，完全看不到未来。

面对巨大的库存，我想尽方法出货，但常常捧着手机，却不知道还能联系谁。我甚至打电话给我的同级代理，恳求他们的帮助，希望他们卖完自己手上的货后先别从公司拿货，能帮我出一点是一点，哪怕一箱两箱也好，可最终都无果而终。

那段时间我每天都笼罩在巨大的黑暗之下，更难的是面对这种状况，纵然我头顶有千斤压力，却找不到排解的出口。

我无法对家人诉说，因为他们不能理解我。况且，最开始创业时从公公手中借的那笔钱，我承诺过一定会还他，但那个时候我不但没办法还他，连同本金加上我自己赚的 20 多万元都变成积压的货，我也没办法面对自己。

先生也常常安慰我："没关系，亏了就亏了。"对他来说，15万元并不算太大的损失，但于我而言远不止15万元这么简单，它关乎我的自尊和未来。第一次鼓起勇气出去做事，我想证明自己，却落得一个失败的结局，我不但害怕他们对我失望，我更害怕自己都看不起自己。

那时，压力大得我喘不过气来，我的状态也极差，但又不能让我的团队看到这种压力。

有一次，我印象十分深刻，大白天我坐在马桶上，手里的电话拿起又被放下，不断重复着这一动作，一直在想该打给谁，还有谁能帮我，还有谁能救救我，想着想着又难过地流下了眼泪，但却不能放声大哭，只能极力隐忍。

所以，在这种低谷之中，当我看到这个品牌的广告时，我仿佛看到了一线生机，像救命稻草一般，我想极力抓住它。

与对方通完电话，我决定再搏一把，即使家里的货堆积如山没办法解决，我也想要再努力一次。如果真像他们说的那样，那么这将是我东山再起的唯一一次机会，一旦我错过了这个机会，之前所做的努力都会成为泡影，一切又会重新回到原点，而我则会浑浑噩噩地过完下半生。不但没有证明自己，而且从此还被打上失败者的标签。我无法接受这样的结局，如果是这样，我知道自己必定会遗憾终身。所以，我一定要再拼一把。

我打电话给北京之前认识的两个同级代理，对他们说："你们能否帮我去这个公司看看靠不靠谱，我买了今天最晚的航班，决定来北京考察这个公司。"一下飞机，就接到他们的电话："你还是要再考虑考虑，

60万元毕竟不是一个小数目，况且以你现在这个情况，应该更加谨慎才是，万一被骗了呢。"

我知道他们是为我考虑，可那时不知为何，面对他们的劝说和担忧，我心里却没有丝毫动摇，相反还格外坚定：他人阻止也好，支持也罢，我都要去做这件事。

到了公司，招商部的人也已经等候多时，他们给我看了产品，介绍了公司，让我感到十分惊喜和意外。

为什么？这与我之前所接触的微商有着天壤之别。前公司全年就给我们几张营销的广告图，除了产品几乎就没有其他任何东西，而这一品牌不仅品宣做得好，公司部门、职能、制度也十分健全，还有自己的工厂。所以，我觉得跟着这个公司能够给我们代理的销售带来很大帮助。而且他们还会给我们做产品培训，也会积极处理我们的售后问题。听到这，我觉得找到了一个一直以来都梦寐以求的平台。

这一品牌当时与橡果国际齐名，公司正规、专业，对于微商代理来说无疑是一个非常优越的条件，所以它选择转型做微商也给了我很大的信心。因为公司招商人数的限制，也让我坚定地相信公司日后对自己和团队会格外重视，所以与公司聊完这些我的感觉特别好。

第二天，我立刻买了机票回福建，决定回去跟公公借钱。自从那天下午跟他们的客服打电话了解完整个招商模式之后，我便买了机票，直接飞去北京考察，第二天又买了最早的机票回福建。我想要快速启动，不想再等了，我不想自己像之前一样陷入低落的情绪中，逐渐把自己消磨掉。

60万元并不是一个小数目，对于一个当时家里积压了40多万元货的微商来说，更是难上加难。原本就背负着巨大的压力，可为了寻求一线生机，此刻要用更大的压力来争取胜利。

所以，一回到福建我决定的第一件事情就是跟先生商量。

我告诉他虽然前期创业亏了，但我不甘心，还想搏一搏……先生起初好像并没有抓住话题的重点，他以为我只是出于失败而自责，便只是安慰道："没关系，亏了就亏了，也没有太多钱。"我对他说："我看到了一个机会，还想再拼一次。这个公司有两点我十分看好，第一是公司的整体运营实力，第二是他们的招商政策。我想要得到他们的扶持，想要他们助力团队的发展，所以我真的非常想去这家公司。"当我再次对先生表明我的想法后，他好像也意识到了我想要再次创业的决心。

就这样，他陪着我再次找公公借钱。要知道，这是一件多么伤自尊的事情。

那一次我鼓起了莫大的勇气。毕竟从现实出发，无论从哪个角度讲，都没有理由让公公再次相信我，把钱借给我，但我深知这次机会的重要性。公公对我们说："我们家也不需要你们出去赚钱，你们出去赚了钱以后，也不一定会尊重我们这些老人……"

听完这些话，先生感到非常生气，拉着我夺门而出。一出门我就哭了，我非常难受，因为我觉得这是我翻身的唯一一次机会。虽然先生可以发发脾气，他可以不要这个机会，因为他不需要任何东西来证明他自己或者改变他自己，但我心里十分清楚这个机会是我要的，我十分需要这个机会，如果此刻放弃就意味着就此抛弃了人生的另一种可能，一想到一眼就可以望得到头的人生，一时的尊严就显得格外虚妄。

我挣开了他的手，他仿佛也明白了我的用意并用惊异的眼神望着

第 3 章　从追随者，到开拓者

我，对我说道："你还没听明白他说话的意思吗？要借你自己回去借，你不要脸面我还要呢！"说完，他便愤愤离去。

先生的话刺痛了我。我也不想再一次因为手心向上的生活，而选择无视自尊，可也正是因为如此，我更想要再次争取，换取日后能更好地听从内心，拥有更多选择的生活。我独自在外面缓了好久，再次鼓起勇气，折返到了公婆家里。而这一次，恰好婆婆也在。

当我再次面对公公时，几乎无法开口说话，我的声音像被噎在了喉咙里一样。

一旁的婆婆见状便对公公说："他们年轻人愿意出去做事就让他们出去做，干嘛不支持一下？我们这两把老骨头还能做多久，他们想要做事业是好事，咱们应该全力支持他们……"

多年以后，当再次回想起这一次经历，我十分感谢婆婆。虽然，在生活中，我俩常常会因为一些琐事磕磕碰碰，但她在很多重大事情上，却始终保持着宽容。

可以说，没有婆婆的助攻，也许就没有现在的林芳芳。婆婆成功说服了公公，帮我获得了创业的第二笔资金。我立刻与品牌方取得联系，把钱打给了他们，并告诉他们这个名额无论如何都要留给我。做完这些事情，我觉得终于定下了一件大事，心里也安定了下来，开始计划之后的一些事情。我一直在找一个合适的时机告诉当时的上级乐乐，我准备离开。

那时正值农历年底，对于微商来说，这是一个许多人都翘首以盼的时期。因为通常过完年，一些新的品牌就会崭露头角，这个时候只要抓住某个品牌去做星级代理，就能抓住这个品牌刚刚起盘的红利。

所以，彼时微商行业基本都是做一次性生意，很多人都会在年后丢弃老项目，选择新品牌。

当时乐乐的团队中已有两三位高级别的代理有了离开的打算，她对此感到十分受伤。顿时，一股莫名的心疼涌上心头，虽然提出离开并不是谁的错，但在一瞬间我竟有种我们全都背叛她的错觉。

所以，即便我确定要离开，但一时间却不知道该怎么开口。我是一个非常心软的人，虽然曾经怨恨过她，但也不至于在这种时候用这样的方式来伤害她。即使我们没有了当初的亲密感，甚至还发生了一些不愉快，可毕竟她是带我入行的人，是我做微商代理的启蒙老师，我对她依然心怀感激。

同时，我认为以她的实力，值得拥有更好的未来，在其他公司也一定能得到更好的发展。于是，一个念头油然而生，我想让她跟我去同一个新公司。

就这样，本来是我要提出离开，但最终聊着聊着却变成我在不断安慰她，甚至开始劝她跟我一起去同一个品牌。我告诉她这个公司有多好，我到实地进行了考察。我将自己的所见所闻，以及自己的判断和感受全部都告诉了她。我希望她可以尽快决定并打电话跟老板谈谈，甚至能否通过其他方式争取一个更高的位置，变成这10个人之上的团队长，这样我们又可以一起再创辉煌。

听到这一消息乐乐的反应跟大多数人一样，她对我说："你可千万不要被骗了，我上网查了一下，这个公司就是一个贴牌的。而且目前我也打算自己重新做一个品牌，要不你过来做股东。"

我深知自己当时的能力是无法胜任股东一职的，即使我过去了也帮不了她多少忙，而且我不想一直只做一个卖货的人，我想跟着一个好的平台发展，因为大公司有更多的经验、资源，能学到很多东西。

我将自己的想法完完全全地告诉了乐乐。接着，我又开始劝说她："你这么厉害，如果这个时候加入这个品牌就有可能成为他们的元老和股东……"

那段时间，因为放心不下她，我甚至比她还要着急，生怕品牌停止招商，于是每天对她进行各种游说。

记得一次，我们一家人出去游玩，我一个人待在车里跟她足足聊了三个多小时，我告诉她这个公司对她未来的发展有多好，这个公司各方面的条件有多适合微商的发展。总之，不管她是否决定加入，都应该去实地考察一下，而且只要她告诉我什么时间愿意去，我就立刻买机票陪她一起过去。

她没有正面答应我，但我却一边等待着她的决定，一边憧憬着和她一起进入新公司后的时光。

一天下午，我接到她的电话，告诉我她买了机票，准备去考察一下。我高兴极了并询问道："你买的什么时候的机票，我跟你一块去。"可她告诉我就是当晚的票，已经来不及了。说实话，当时的我内心有种说不出来的滋味。

她嘱咐我，先不要发朋友圈告知我们要做新的品牌，等她考察完回来，我们再一起发，我毫不犹豫地答应了她。

第二天，我一直给她发消息，想询问她进度如何，但她却只给我回了一句："开会，在忙。"

就这样，一直到第二天晚上，我看到她发了朋友圈。那一刻我感觉如晴天霹雳一般，这个公司是我选的，她不但没有给我回复，甚至没有遵守我们的约定，率先在朋友圈发布了她想要从事的新品牌。朋友圈就是一个巨大的流量场，先发朋友圈就意味着会赢得更多的关注，抢占巨大的市场和先机。我还从其他渠道得知她也是这10个总代理其中一个，成为我的竞争对手。这也意味着我要跟她去竞争，而这对于想要重生的我来说，无疑是再一次致命的打击。

那一刻，我感受到了深深的背叛。我是一个无比重感情的人，但我的重情重义在他人心里似乎不值一提，甚至被别人当成工具一次次利用。我感到愤怒、失望、无助，我全身发抖，心跳疯狂加速，我的大脑已经完全停止了思考，像一团浆糊一样什么思路都没有，只是不停地叨念着怎么办、怎么办。那天，从晚上到凌晨4点，我就这样焦急地在客厅里来回踱步，实在想不出任何办法。

我甚至觉得自己像个傻子一样，从选品到实地考察再到筹钱，冒着巨大的风险，承担着巨大的压力，做了这么多的努力，最后却无比信任地把自己唯一翻身的机会就这样轻易地交给了自己的竞争对手。我刚爬出谷底，看到一点光和希望，却又被人再次踩入深渊。

自此之后，乐乐成了公司的红人。公司用各种资源来帮她打造个人品牌，为她拍宣传片，包装她，让她留在北京发展，甚至每天有专车负责接送。而那时，我虽然作为公司10个总代理之一，但却像被雪藏了一样，毫无资源、流量可言，与她的待遇更是判若云泥。

我好不容易找到这家公司，花了这么大的代价，希望它可以给我的团队一个新的希望和机会，我们一样都花了60万元，但公司好像就没有我这号人存在一样，将所有的资源都疯狂砸向乐乐，压得我跟团队都快喘不过气来。我感觉自己从一个火坑爬出来，又跳入了另一个火坑。

说实话，那时候我非常怨恨乐乐，那两个月基本都没跟她说话。而那两个月也是我最痛苦的两个月，饱受情感和业绩的双重煎熬。

当时我的处境已经非常难了，但我在走出来的那一刻，还惦记着她，不忘拉她一把，而她却踩了我一脚。所以，那时我觉得她是一个非常不重感情的人。

另外，加入新品牌后我们主要销售一款酵素，原本那款酵素的主要功效是调理体质，可因为我们过度关注产品的瘦身功效，在销售产品的侧重点上出现了偏差。最终导致一些消费者并没有达到减脂预期，反而变胖了，进而给出的产品反馈也极差。

再加之，产品本身及运费特别贵，所以这 60 万元的货也变得十分难卖，而且自从选择新的品牌之后，之前的品牌也对我们进行了一系列打击。

第一次经历低谷让我走得异常艰难，突如其来的遭遇，将毫无经验的我打得措手不及，在这段黑暗的日子里，我感到迷茫、孤独、无助。

3.2 相信"相信"的力量

  微商经验不够，创业经验匮乏，让我在低谷中倍感煎熬。
  那段时间我常常会坐在马桶上哭泣，也会故作镇定地在群里开会，可每天就跟丢了魂一样，如同行尸走肉一般。那段灰暗的日子，我都顾不得怨恨，偶尔精疲力竭得只想找一个人听我说说话。
  一天晚上，我再次拨通了乐乐的电话，我将自己积压已久的委屈一泄而出，想跟她一一清点她对我做过的那些事。我对她说道："你信不信，我林芳芳比你要重情重义。"而她仿佛也有一腔委屈，在电话那头吼道："林芳芳，你信不信，我比你要重情重义。""开玩笑，你要是比我重情重义，你会对我做这些事？你知不知道……"就这样，我们毫无遮拦地说出了很多藏在心底的话，我们一边哭，一边骂对方没有良心……这一通电话打了四个多小时，也正是通过这一通电话，让我俩解开了许多误会。

原来，在这段时间里，我们都成为一些别有用心之人的工具。在乐乐有意加入新公司时，其中一些人害怕我与她强强联合，让他们失利，于是就用了一系列手段来挑拨我们之间的关系，也就造成了之后的局面。当误会被解开，知道真相时，我与她都震惊了。我们都是微商出身，只有一腔真情和热血，对于所谓的站队套路全然不知。

从那之后，我与乐乐之间的信任变得无坚不摧，我们所带领的团队也十分和谐，即使是竞争关系，也始终是良性竞争。

也是从那一次开始，让我重新相信了"相信"的力量。

当我们选择毫无保留地相信他人时，那种力量是无穷大的，就像我刚进入微商，跟着乐乐快速成长的那三个月一样。而当我们开始不信任或是怀疑对方时，自己往往也是没有力量的。自从我与乐乐有了间隙和隔阂之后，我整个人的状态都发生了巨大的改变，从之前的斗志昂扬，变得迷茫、绝望。

相信"相信"的力量也指，只要我们坚定地相信自己、相信未来、相信自己一定会成功，就永远都能保持乐观、积极的态度去对待任何事情，哪怕一路遇到荆棘、坎坷也绝不会回头，不轻言放弃。在我的创业路上，这种力量一直指引着我，给我提供源源不断的能量，哪怕多次身在谷底，也让我在夹缝中看到了希望。

2015年5月，公司也意识到酵素这款产品没有做好，便开始在内部商量放弃这款产品。没过多久，又推出了第二款产品，主打女性私护，与第一款产品跨度极大。对代理来说，这无异于火上浇油，手里积压的60万元的酵素完全卖不动，又无法退货，现在又要求我们销售新产品？自此，10个核心团队里一些人开始闹事，要求退货。

而公司也因为前期的巨大投入而无法答应代理的退货要求，于是为了稳定人心，公司在三亚开了一场会。我印象十分深刻，开完会后，当晚在沙滩上，老板约我们10个总代理一起吃烧烤。那也是第一次，我离老板的距离如此近。他对我们说："我们以前在做电视购物的时候，第一个项目也失败了，好多人离开了我们。但是后来把这些模式弄懂之后，我们就成了电视购物界的领军者，赚了很多钱。而今天我们做微商也是一样，虽然第一个项目我们没有做起来，但请大家相信，我们的未来一定是很好的。"

我自始至终都是一个单纯且重感情的人，不管是对老板的同情也好，共情也罢，听完老板的这番话，我再也没有说过要退货的事情。我心想，算了，就这样慢慢卖。而其他人虽然在那晚也聊得很好，但因为公司并没有帮助他们解决实际问题，所以回去之后依然闹着退货。但当时因为种种原因，公司也没有办法将钱退还给他们。

从三亚回福建后不久，我接到了公司的来电，通知我去北京领奖。说实话，我在诧异中带着一点反感，心想自己又没有业绩何来领奖这一说，这样拿奖心里也会愧疚，而且这种方式对于现在的我来说毫无意义。可他们一直安慰我："芳芳，其实做不好也不是你的责任，公司也有责任，大家也都做得不好。"转念一想，我好像也没有什么更好的出路，走出去看看说不定有机会。

就是那一次，我感受到了久违了的被重视的感觉，甚至又帮我找回了最初做微商的那种干劲。

我一直都认为自己是一个十分感性且重感情的人，当初跟着乐乐冲业绩之所以能快速成长，很大一部分原因是我感受到了团队的凝聚力和向心力，有想要全力以赴的动力，这也是相信"相信"的力量。但自从她有了新的团队，疏于对我的指导之后，我能感受到所得到的向心力也越来越弱，进而也让我愈发看不到希望。而这一次，公司的用心再次打动了我。

我决定开始尝试私护产品，也给自己做了一定的争取，并与公司达成协议，以货换货，即我先从公司拿一些私护产品去卖，等卖出去之后，再用自己手中的酵素抵扣成本费用。当时，内心的想法是反正酵素不好卖，倒不如换一种产品试试，要是卖得好，我还可以将这些无法退的货换回去，这样也可以帮我的代理减少囤货的压力。

最开始我拿了几盒，分给我的代理，让他们去试一试。但没有想到，一段时间后，拿货的代理反馈都十分好。渐渐地，他们开始要更多的货。我们的团队从之前的一团死水变得逐渐活了起来，团队氛围也越来越好，销量也越来越高。

从 2014 年 12 月底至 2015 年 6 月，经过长达半年的沉寂，在 2015 年 7 月，团队终于逐渐恢复了生机。我永远都记得那个热情复燃的时刻，那时，我们一边卖着之前积压的面膜，一边销售着女性私护产品。

但这时，之前的公司却愈发夸张。因为我们之前拿的面膜没有卖完，所以只要我们卖之前品牌的产品，就意味着必须在一定程度上配合前公司的政策。而那时前公司每月出一款新产品，当我们刚把手里的货卖得差不多时又逼着我们把钱拿去进新品。因为它更新产品的速度实在太快，导致我们手里很多产品都变成积压品。时间长了，很多产品不断积压，常常弄得我们焦头烂额，导致我们在做女性私护产品时并没有真正全力以赴。

虽然女性私护产品并没有卖得多好，但对于我们来说已经很不错了，毕竟"回了很多血"。

这时，老板找我聊天。他说："芳芳你看，你跟乐乐是同一时间进来的，你们现在的拿货价也一样，对吧？她现在是全力以赴在做，一个月的业绩可以达到1000多万元，你看你现在这个状态一个月就卖四五十万元的货，但你俩拿货价一样，你让我跟其他人也无法交代呀，要不你回到乐乐的队伍中去吧。"

这对于我来说又如一道晴天霹雳。很显然，公司出于管理成本考虑想要收缩。虽然当时公司有10支核心团队，但每支队伍水平参差不齐，所以他们想筛选留下几支比较强的团队。

当时我刚刚缓过来，又要整编，回到乐乐的队伍中去，我该如何向我的代理交代，我是一个多么无能的领导。而且我自己内心也无法接受，做了这么久，作为曾经的10个总代理之一现在却要被收入别人"麾下"，泯为"众人"，这无异于从零开始，完全与我对自己的定位相矛盾。我极力表达自己的诉求，想要努力争取保留自己的队伍。

这时，老板给了我一个选择。他说："要不这样子，我给你一个选择，我逼你一把，说不定就逼出来了呢。"

"什么选择？"我急切地问道。"我看了一下你们团队每个月的业绩，大概是四五十万元。这样，下个月你冲到200万元的业绩，你要是能做到200万元，我就保留你的这个团队。这样我也好跟其他团队交代，否则你就到其他团队中去。"

200万元的业绩相当于之前业绩的四倍，对于我来说要在一个月内达成，无疑是一个巨大的挑战，可除此之外，我别无选择。思考了很久，最后我只知道一件事情，如果选择了退缩，那我将来一定会遗憾，因为我都没有尝试过。所以，我接受了挑战，内心只有一个想法，为了不被整编，一定要再努力一把，再冲一冲。

挂完电话，突然灵机一动，我想既然老板跟我说了要整编的事，那么一定也会对其他几位跟我体量一样的总代理说这件事。于是我挨个给他们打电话。我说："公司准备整编团队，你们打算怎么办呀？"一个团队长说："还能怎么办，卖完这些就不干了。"另外一个团队长则说："唉，边卖边看呗。"

这时，我对他们说："我带团队还是挺有经验的，也知道如何管理团队，要不你们来我这边吧，不但帮你们带团队还可以教你们带团队，你们只要做到货从我这里拿就行。"

另外，那时公司也开始打广告了，在公众号上花钱买流量也已经有了一些眉目，所以当时我还告诉他们作为回馈，我会将赚的钱全部拿来给他们买流量，然后再把客户分给他们。

其实，买流量是公司当时准备主打的一种策略，需要代理自己花钱购买，进而在公众号上投广告，具体效果也不得而知，况且我也不在北京，也只是摸着石头过河。就这样，这两个团队长答应与我一起并肩作战。他们之前每月的业绩在 40 万元左右，再加上我的团队，我离 200 万元的目标又近了一步。

幸运的是，那时正处于流量的红利期，我一手买流量一手变现，赚钱后再买流量，再变现。在我们的共同努力下，第二个月业绩真的做到了 200 万元。

第一个月，我将所赚的 10 万元全部投到了公众号广告中，第二个月则将 15 万元的利润全部投入其中。在当时来说，这种做法是极为大胆的，几乎没有一个人会将所有的利润全部投入到广告中，可当时我完全没想着赚钱，只是一心想着如何将团队做大，反正只要不亏钱就行。

那两个团队也成功加入我的队伍，我的团队逐渐开始壮大。在第三个月时，团队业绩做到了 600 万元。从第四个月开始，团队的业绩就已经跃升到 1200 多万元。之后，一直保持稳步增长。

后来，经过了这一轮的优胜劣汰，我成为公司的"三大元老"之一。

那时，核心团队经过整编，形成了三足鼎立的局势。另外两个团队长分别是乐乐和跟了公司 10 多年的由电销团队转型过来的一位负责人。

回想这一段经历，我挺感谢自己在每一个关口都没有放弃，一直都在不断挑战，在这个过程中一直有一种强大的力量指引着我——相信"相信"的力量。比如说，当我家里积压了几十万元的货，我依然顶着压力选择去借 60 万元做公司最高级别的代理；在老板决定要整编团队时，我并没有像其他人一样边走边看，还是决定要挑战一下。每一个选择都促成了今天的我。

人生没有假设，只有选择。大大小小的选择构成了我们的生活，以至于你选择去哪里，做什么样决定，都会决定人生的最终走向。而你做的每一次选择，都可能将你推得更远，也可能将你打入深渊。

在我的观念里，不拼尽全力就放弃，是一个弱者的行为。而我一直都坚信自己是一个强者。我就是一个要成功的人，当做出选择时，我一直很坚定也很乐观，不会像很多人一样害怕不可预知的未来和后果，我总是会想，可能退一步，就会后悔。而这也是相信"相信"的力量

第 3 章　从追随者，到开拓者

所赋予我的。

2015年下半年，是一段值得铭记的时光，当我和我的团队爬出谷底后，业绩一路高涨，势如破竹。

有一天，我与先生工作完回家，照常把车停到地下车库。在等待电梯的时候，我兴奋地抱住了他，对他说："我们马上就要赚到人生中的第一个100万元了，以后我们还会通过自己的双手挣更多的钱，收获更好的人生。"先生一如往日低声答道："嗯，你说是就是。"但声音中却充满了欣喜。

时间的指针即将走完2015年的最后一圈，我们即将迎来新的一年。蓦然回首，我一路跌跌撞撞就像在黑暗中不断摸索的"夜行人"，经历苦难，但此刻云翳稀薄，我看见还未升起的太阳投射出的光亮，照耀了前路。

3.3　口袋富有、受人尊重、内心富足

激烈的竞争环境也让我意识到，单打独斗绝非长久之计，想要把量做大，想要突出重围，必须团队化、规模化、专业化。

正好，没过多久，老板就给我打来了电话，他说："芳芳，你想不想来北京这边发展？"听到这一消息，我十分激动，几乎都没有思考，便笃定地回答说："包总，我想来，你一定要给我这个机会。"其实，老板要我去北京发展，是问我是否想去北京组建直营团队。

因为公司的三大团队中，乐乐在北京总部，另外一个团队长本来就是公司之前的销售团队长，所以自然也在北京，只有我远在福建。那时我就在想，他们两个团队长都在老板身边，天天围着老板转，每天都在一起讨论如何经营，商量未来的发展方向。俗话说"近水楼台先得月"，他们可以更快速地了解公司的政策，更好地利用公司的资源，

而我有时却连开会都无法到场,就更不用说洞察行业动向,利用公司资源了。

而且公司的那位团队长还组建了一个直营部门,进而他们的团队发展速度也很快。那时是这样一个局面,以乐乐的团队为首,业绩最好;其次是公司的销售团队,业绩次之;而我居于第三位。

我下定决心要去北京发展。

一方面,我不想被另外两个团队甩得更远,因为那时公司打算除了做线上代理之外,还要指导每个团队培养一个直营团队。另一方面,我想变得更强大,想要收获一个比现在更有价值的林芳芳。我一直都是一个追求成长的人,但身在福建我感觉自己每天都待在舒适圈中,无法开阔眼界,学到更多的知识,所以我想跳出舒适圈,收获更多的经历和能力,让自己更有价值。

因此,那时接到老板的电话,我都没有考虑去北京发展成立公司需要多少钱,就直接答应了。我心想反正我带上这 100 万元,假如亏了也没有太大关系,因为我知道那将是一个难得的机会。

在 2016 年 2 月 14 日,先生陪我前往北京。我们在总公司附近挑选办公地址,接着便在北京 CBD 中心地段成立了自己的销售公司,组建了一支线下直营团队。我们拥有了两支队伍:一支是线上代理,另一支则是我们的直销队伍。

2016 年上半年,成为我们最辉煌的半年。

自从在北京扎根开始,我们一路迎风而上,从最初每月 1000 多万元的业绩,到 2016 年 8 月底,我们仅月回款就已达到一亿多元。如果按照市场销售额来算,至少要在这个基础上乘四五倍。我们真正迎来了从低谷到鼎盛的时刻。

那半年，无论是内心成长，还是眼界拓宽等各方面，对我都产生了巨大的影响。我感恩我的老板，虽然他没有手把手教我，但他给了我一个舞台，让我在上面拼命折腾，逼着我成长。

当我们不断壮大之后，开始有了线下会议，我从一个原来台下30多个人都不敢上台讲话，手心出汗，三分钟就要下台的人，蜕变成了一个可以在万人舞台上酣畅淋漓演讲的人。

最开始，我完全不知道在台上应该讲什么，上台时常常大脑一片空白，经历过几次这种状态后，促使我下定决心做出改变。这个舞台需要我，代理们需要我，我一定要征服这个舞台。

之后我开始逼自己，明天要演讲，今晚一定要把稿子写出来。可我就像一个拖延症患者，每次都要绞尽脑汁，但却总是在上台前的最后10分钟，才会迸发灵感和思路。我便根据自己的习惯做出了相应的调整，索性每次在上台前15分钟，给自己构建一个演讲主题和框架，基于这些要点，在台上临场发挥。

而这却受到了台下观众的好评。因为提前写好演讲稿，在台上反而思维会受到限制，缺乏与观众的互动，现场气氛不好调动，而我的这种准备方式在台上的呈现效果反而更好。

久而久之，我的临场反应能力也越来越强，观众的热情回馈让我发现舞台上原来可以感染这么多人，也让我对舞台由最初的恐惧转变成了强烈的渴望。

从不喜欢、不擅长到喜欢、擅长，我收获了一个富有演讲能力的林芳芳。

那时业务特别繁忙,而且我们主要是通过打广告的方式打造个人品牌,需要全国各地到处跑,去认识我们的代理,宣传我们的产品。

2016 年大半年时间我几乎都在酒店和机场之间来回穿梭,几乎所有睡觉的时间都被挤压到了飞机上,甚至一度养成了习惯,一上飞机就抓紧时间补觉,当飞机快要降落时,便迅速补妆,以一个好的状态去见我的代理。

因为很多会议被安排在下午,所以有时下午结束会议之后,晚上再跟代理一起吃饭、聊天,等到结束之后,又继续跟核心代理开会到凌晨,结束后我便拎着行李直接去机场。

偶尔不出差时,我每天也只能睡四五个小时。

因为微商行业固有的规律性,我们的工作时间通常是从中午 12 点开始。那时早晨五六点钟睡觉是常态,甚至有时需要忙到早晨 8 点左右。当时,居住的小区离一所学校很近,一次我忙完所有事情,刚回到家中就听到学校广播中传来了悠扬的乐曲声,原来又到了学生做早操的时间。

一些代理也常常问我:"芳芳,你每天工作这么久,牺牲了大量的私人时间,不会感到辛苦吗?"我笑着回答说:"开玩笑吧?满腔热忱让我不知道辛苦。"这句话发自内心,我觉得一点也不累,那是一种充盈感,每次工作完都会令我感到无比踏实。每到一个城市都有那么多人期待着,而我去了之后能够帮助他们了解我们的产品,帮助他们赚钱,这其实是一件非常开心的事。

所以,当时驱动我的已经不是我想着要如何赚钱,而是想着帮代理赚钱,帮代理成长、发展,而在这个过程中我也收获了更好的自己,身边的人对我的看法也发生了更多的改变。

以前作为家庭主妇时，我找不到自己的价值，总是感到无比焦虑和彷徨，而当我有了事业之后更加清楚自己想要什么，我不断蜕变、成长，也赢得了更多人的尊重，尤其是家人的尊重。

从家庭方面来说，我变成一个闪光的人，懂得了如何处理与家人之间的关系，也不再敏感脆弱。我与先生一路走来，少了争吵，多了默契；现在每次回福建老家，婆婆都会打电话询问几点到家，想吃什么，她都会给我准备；无论几点到家，公公都会亲自开车到机场接我们。而这些都是当年敏感彷徨的我所不敢想象的，这一切只因为我变成了更好的自己。

从事业方面来说，当我变得更加优秀，能影响、帮助更多的代理后，我赢得了他们的尊重；当我对社会不断产生价值时，便赢得了社会的尊重。

而后我有了一个更加宏伟的愿望，寻找人生的价值和意义，真正实现内心富足。

基于自身的改变，我想将这种能量传递给更多的人，我要帮助平凡的人实现不平凡的创业，帮他们一步步实现人生中重要的三个阶段：口袋富有、受人尊重、内心富足。而我也相信，如果大多数微商能按照这三个阶段来走，那么他们会走得更远。

口袋富有，即我们首先要满足最基本的物质需求。我一直认为，只有把自己活好，让自己吃饱穿暖，不为基础的物质需求发愁时，再来谈其他的价值才有意义。曾经我看过一个新闻，一个年过40岁的女性，连自己的衣食住行都不能解决，却声称要追求自己的"诗意人生"。她追求所谓"人生价值"的背后，是家人在为她的行为买单，而这是一种极其不负责任的表现。

所以，在我看来，要想真正实现人生价值，首先要变得口袋富有。这里的口袋富有不是违背道义的唯利是图，也不是贪婪无止境的欲望满足，而是在合乎"道""度"的前提下，让自己的生活境遇变得更好。可人想要实现更高层次的成长，并不能局限于此，这是人们基础性的需求层次。

换言之，在保证自身正常生活的前提下，我们还要学会利他，让自己的成功变得更有价值和意义。而这也是马斯洛需求层次理论[1]中人们更高层次的需求——尊重需求。从内部价值中获得肯定，从外部成就中获得认可。这也是我所说的，我们要做一个受人尊重的人。

内心富足是实现自我成长的第三阶段，也是做人的最高境界。社会上大多数人、企业到达了第一阶段，少部分人可以达到第二阶段，但却只有极少数做到了第三阶段。它要求我们追求思维、格局的宽广，真正做一个内心强大的人，不以物喜，不以己悲。这种人生境界看似虚无缥缈，但却真实存在。处在这一境界的人，不会出于自己的贪念去利他，而是真正做到无欲无求地利他。这也是大多数人的终极追求。

一切的努力，你以为看不到回报，但都不会是白费工夫。未来有一天，你以为是幸运的降临，事实上，是你自己值得拥有。我想要带领更多的人一起成长，变得口袋富有、受人尊重、内心富足。

---

[1] 马斯洛的需求层次结构是心理学中的激励理论，包括人类需求的五级模型，通常被描绘成金字塔形的等级。从层次结构的底部向上，需求分别为：生理（食物和衣服）、安全（工作保障）、社交需要（友谊）、尊重和自我实现。这种五阶段模式可分为不足需求和增长需求，前四个级别通常称为缺陷需求（D 需求），而最高级别称为增长需求（B 需求）。

3.4 那些打不倒我的，必将使我更强大

2016年上半年是属于我们的辉煌时刻，我们缔造了无数个奇迹，收获了无数的鲜花和掌声。但创业者总是在命运的轮回中不断前行，经历了巅峰，2016年9月开始我们再一次跌入谷底，而这一次是至暗时刻。

2016年上半年，三个团队人数呈几何倍数增长，业绩剧增，这本是一件十分喜人的事情，但因为总公司管理制度完全跟不上销售端快速发展的步伐，进而导致一系列问题接踵而至。当机会来临时，若我们没有足够的实力握住它，那么它不仅有可能不再是机会，相反还有可能成为深渊。

当时，有很多事情令我们感到非常痛苦。

短时间内产品销量剧增，但公司生产线和供应链却无法及时供货，客户下完订单后常常需要两三个月才陆续开始发货，有时甚至要等五

个月左右。因此，很多客户开始直接闹退货，面对这种情况，一些中小代理也有了情绪，自己辛苦拉来的业绩不但没有得到回报，甚至闹出了很多糟心的事情，很多中小代理只能无奈选择中途退出。

另外，团队迅速壮大，使得公司完全来不及组建一系列管理及赋能部门。公司规模已经十分庞大，却始终都没有针对销售团队的赋能及管理体系。与其说它是一个公司，不如说它是一个巨大的营销部门，不断创造营销业绩，然后通过营销做宣传。总之，公司十分重视销售，却不那么重视管理。

虽然当时销售队伍庞大，但销售能力却参差不齐，人员之间的差距也十分大，以致于很多卖不出去货的销售及代理开始低价清货，这样市场秩序逐渐被扰乱，一些做得好的团队也开始抢人。

在快速发展的阶段，企业既要面对机遇也要经历一场考验，是否有足够的能力面对夹杂红利而来的各种问题，决定了风口最终带来的是果实还是危险。

那时，整个微商行业都十分浮躁且急功近利，很多人其实毫无责任感和使命感，以致于我们在这一年里虽然收获了很多，但很难感受到幸福，因为我们处理的问题也极其多，每天面对的都是：工厂供不上货、市场低价抢人抢货、产品质量问题、团队问题等。

到了2016年下半年，流量的红利逐渐消失，流量成本越来越高，公司的流量福利政策也越来越差，甚至之前做出的很多承诺也开始无法兑现，再加之那段时间各大媒体争相报道微商产品的质量问题，不但加剧了中小代理的快速流失，而且也让很多原本想踏入微商行业的人开始望而却步。2017年9月，危机彻底爆发，团队业绩也直接降到了冰点。

与第一次遭遇低谷时不同的是,当第二次面对低谷时,我的心态和思维都发生了巨大的变化。

这一次,我不再孤独和迷茫。有一个团队与我一起,让我不再是孤身一人面对困境,所以我不再感到无助。其次,经历完第一个低谷,我发现其实没有一个冬天是不能走过的,曾经那么难的时刻我都挺过来了,所以心里也不再惧怕。相反,我却认为危机也是转机,是否能劫后重生,从此坚韧生长,取决于我们在最难的时刻做出了什么样的决定,思考了什么样的未来。

说实话,经历第二次低谷时,我不但没有感到丝毫绝望,甚至内心思潮涌动,对未来报有了更大的希望。为什么?适者生存,不适者淘汰。随着微商行业的迅猛发展,进入者越来越多,竞争也愈发激烈。很多微商、企业会在这一次阵痛中转型或流失,痛得越剧烈,走的人会越多。这也意味着,留在舞台上的人将会变少,相对来说,每个人的市场就会变大。对于在这条路上坚定不移的前行者来说,这是转机。

另外,在状态不好,遭遇困难的时候,大多数人通常什么都不会做,他们会手足无措地等待,会陷入各种难受的情绪中。而具有远见卓识的人往往会借用这段沉寂的时光去思考,去寻找出路,去扎根学习,汲取能量,那么当机会再次来临的时候,他们定能牢牢地握住它。

经历第一次低谷后也让我明白了一件事情,那就是低谷期你做什么,决定了高峰再来的时候你有没有机会。其实相较于第一次低谷,在第二次面对低谷时,我需要处理的事情要多上百倍,难度也要大很多,但我的心态好了,格局开阔之后,这些问题就不再是问题。那时,我只有一个想法，来一个问题，就解决一个。再加上前一次积累的经验，我知道该如何去安抚以及帮助代理去处理一些问题。

同时，也引发了我的一些思考。第一，微商这个行业到底有没有未来？如果没有未来，便不值得我继续努力，因为我想做的一直都是能够奋斗终身的事业，我不想每次都是做一个品牌两三年后等它没落了，又从头再来。第二，如果这个行业有未来，那么什么才是我们的未来。其实，我一直在思考这个行业有没有机会成就一个百年企业，或者说几十年的品牌，带着这样的疑问我开始投入学习。

我报名参加了企业管理的课程，其中一门课程举办了一次日本游学活动，我毫不犹豫地报名参加。听说日本是世界上百年企业最多的国家，所以我想去看看他们的百年企业到底是怎么做的。而得益于这次学习，让我看清了方向，找到了未来。经历第二次低谷时，或许大多数人都在哀叹，而我却在不断学习，极度渴望知识，在半年中花了几十万元去学习系统的企业管理相关的培训课程。我没有迷惘，当机会再次来临时，能牢牢抓住它。

2016年下半年，我基本都在解决问题。总公司经过四个月的低谷之后，再也接受不了现状，开始按捺不住了。要知道之前每个月我们的业绩都是翻倍，甚至翻几倍的增长，突然一下四个月都没有营收，公司是无法承受的。于是，公司想了各种方法进行补救，但也正是应对危机时没有清晰的战略和策略，让公司走了很多弯路。

为了解决产品的乱价问题，公司决定升级新包装，这样便可以防伪，让之前流行于市场的低价产品无法继续交易。但现实问题是面对当时出现的一系列问题，很多代理已经对公司失去了信任。

面对这些问题，我内心感到十分难受。

做微商其实就是一门经营信任的生意，我个人也是一个十分讲信用的人，有时却迫于各种现实制度而失信于人。那时，我想尽办法帮代理出货，并个人拿出1000多万元退给了我的代理。因为我知道很多代理当时都是出于信任，贷款跟我一起做微商，很多人根本无法承受其重，那时我将自己挣的大部分钱都拿了出来，只是想帮助我的销售和我的代理渡过难关。俗话说，"留有青山在，不怕没柴烧"，我想要继续带领他们前行。

另外，当时公司主要聚焦于销售，很少给过员工奖励，比如旅游或其他奖励。但其实这样很容易让员工缺乏归属感，代理挣钱也都十分辛苦，他们值得被更好地鼓励和对待。所以，为了在新品发布会上重新挽回代理的心，或者说能让他们短暂地开心一下，我们几个团队长商量了一个方案。如果代理们能在升级包装的产品上做到10万元的业绩，那么公司便为他们提供一次免费国外旅游，当时老板也欣然同意了。

在发布会上，我们三个团队长需要上台去宣布新政策。当时，我们需要鼓起很大的勇气才敢走上台，因为自己本就是一个失信之人，这次却还要上台慷慨激昂地对曾经相信我的人说："请你相信我吧……"这是一件极其荒谬和讽刺的事情，我们从心理上都难过自己的这一关。

而这一次也是经历低谷后的第一次大会，与以往几万人的大会相比，显得格外冷清，偌大的会场，零星地散落着几百人。

当我们怀着忐忑的心情宣布完政策后，会场一片寂静，这与之前巅峰时刻相比，形成了极大的反差。之前每到一个地方，人群就会以我们为中心向四周扩散，我们会被围得水泄不通，而他们也会热情高涨，高声欢呼，但此时我们面对的却是一张张毫无表情的冷漠的脸。现场会议结束后，我立马将我的核心代理拉到了一起。但因为家里积压了大量的货，再加上当前形势非常不明朗，所以他们对新产品都毫无兴趣，而我告诉他们一定要坚持，毕竟我们在这个行业里曾经收获过利润、荣誉、掌声，只要我们一起跨过这个坎，一定能很快站起来。最终基于信任，在我的劝说下，他们还是决定再努力一次。所以，那一天基本上来到会场的人都打了10万元的货款。

两三个月后，我们便开始催促老板履行之前的承诺，带大家去旅游。结果老板却说："新产品上市都两三个月了，也没有什么销量。除了发布会后的那一次业绩，之后就没有动静了，这个旅游就没有必要去了。"

听到老板答复的那一刻，我的内心是崩溃的。我们都知道冰冻三尺，非一日之寒。市场并不可能因为我们的产品包装进行了升级就在短时间内立刻回暖，况且一年多以来积攒的各种问题、隐患集中爆发，是需要我们花费一定的时间，寻找正确的方法来解决的。

更何况我认为，在我们失去信用的前提下，在各自都深陷困境的情况下，代理依然选择相信了我们，拿了10万元的货，于情于理，无论后期能否卖出去一份产品，公司都应该兑现承诺，带他们出去旅游。

可为了控制成本，老板怎么都不同意，我与他争得面红耳赤，每次开会我都会为此与他据理力争，极力争取。我甚至私下跟另外两个团队长沟通，要求他们一起说服老板，但最终也没能改变结果。那一刻，我感到无比失望，对代理感到无比的愧疚和心疼。我是一个重情重义的人，但却有愧于他们的信任，我觉得自己像是一个"刽子手"，朝着他们袒露的真心又划上了一刀。可我终究不是决策者，无论感到怎样的不公，却无能为力改变这种现状，我感到无可奈何。

之后，公司开始慢慢吸纳新的团队，卖其他的一些产品，而我们则依然从事女性私护类产品。不久，公司又打算出一款新产品——卫生棉，并且告诉我们要做消费升级，扬言要做卫生棉中的爱马仕。

当被告知这款卫生棉的价格时，我们更是惊呆了，预售价十元一片。"十元一片？可我们针对的顾客群体都是四五线城市的宝妈，她们能负担得起这么贵的卫生棉吗？"可想而知，这种产品投入市场，销量肯定上不去，而对于代理来说，这将又是一次沉重的打击。

一时间我们几个团队长都无法接受，都跟老板说不行。会上我当着老板的面，直接问坐在我对面的乐乐："你的卫生棉在哪里买的？多少钱一片？"她回答说："在超市买的，一包算下来才一元多一片。"得到回答后我对老板说道："你看，一个年入百万的女性都用一元多一片的卫生棉，我们的消费群体宝妈们会有那么强的购买力吗？"可是无论怎么反对，还是拗不过他们已经下定的决心，坚持要做这款产品。我们只好妥协，心想要不试一试，说不定老板可能有一些策略是我们看不懂的呢？

我们又一次把很多核心跟代理招来了北京，举行了一个新品发布会。现场总共来了几百人，但其中真正的代理却只有三分之一左右。新品发布会时，老板只宣布关于新品的相关消息，并没有公布产品的价格。

而第二天，我们需要去跟所有的团队和经销商去公布产品的价格。我们三个团队长，将所有的代理集合到直营公司，当要公布价格时，

第 3 章　从追随者，到开拓者

内心无比忐忑，心都提到了嗓子眼。一公布完价格，整个现场都炸了，所有人都无法理解产品定价为何要这么贵，这么贵的产品到底要怎么卖？卖给谁？

因为卫生棉成本高、价格高，但利润空间却很低，所以那时候做业绩也非常艰难、崩溃，两三个月后业绩意料之中的不好。于是，我们又跟老板提议把终端价格下调，这样还有可能让代理商来找我们，即使不赚钱，但至少能卖货就行。

虽然公司调低了价格，但迫于成本压力，最终也没能挽救局面。

2017 年年初，公司同时期推行了四款产品，除了卫生棉之外，还有洗衣凝珠、化妆品和牛蒡茶。起初，洗衣凝珠是被大家一致看好的，但通过年终数据表明，洗衣凝珠的销量也很差。化妆品也不被我看好，一方面我认为自己似乎天生就没有销售化妆品的能力，另一方面我并没有信心通过微商渠道去销售化妆品，因为它没有办法被高频复购。经常化妆的女性都应该清楚，虽然每天都需要化妆，但我们的粉饼、腮红、口红却可以用很久。最后一款产品是牛蒡茶，当初这款产品刚推出的时候，我们并不知道什么是牛蒡茶，甚至觉得这款产品实在太土，况且茶并不是生活必需品，可有可无，所以当时预测这款产品肯定会卖不动，但最终结果却表明，前三款产品业绩都非常惨淡，而做牛蒡茶的那个团队却一战成名。

那时，其他产品线哀声一片，惨不忍睹，唯有牛蒡茶团队做得红红火火。我的注意力也被这个产品吸引。当初最不被我们看好的产品，就连公司都没有投入任何资源来扶持它，但它却做起来了，这款产品肯定有它独特的魅力。

一次在回福建老家之后，我想仔细琢磨一下牛蒡茶这款产品。于是，我问先生，回北京的时候能否开车经过江苏徐州一趟，因为当时牛蒡茶的工厂就在徐州。我对先生说，我想去看一看这到底是一款什么样的产品，想去工厂转一转。就这样，我们来到了牛蒡茶的生产地。而这一趟对我的意义极其重大，甚至可以说它勾勒出了乐恩之后的事业版图。

因为在2017年4月份刚去完日本，我见识了很多日本企业，它们都有着强劲的生命力，大都有几十年，甚至上百年的历史。而一进入牛蒡茶的产地，我感觉自己找到了这种顽强的根基和生命力。

首先，最吸引我的是工厂前大量对于牛蒡文化的介绍，比如牛蒡的"前世今生"、产地、功效等，我发现这并不是一个因为微商而生的产品，它早已存活了几百年，而且那个工厂也已经有27年的历史，他们对于产品也极其专业。

一开始他们就告诉我，这是一个家族企业，这个情怀一下子就打动了我。而且他们对于产品都十分专业，所以我想之后我们的代理也能接受到很多专业的产品知识培训，而这才是实实在在的优势。

除了牛蒡茶，他们还生产与牛蒡相关的很多衍生品。我高兴得不得了。回到北京就开始策划将牛蒡这个产品提供给我的团队，但那时却遭到了很多人的反对。公司的人跟我说："芳芳，你是公司的三大支柱之一，要是突然转线去做牛蒡，你知道对其他团队的打击有多大吗？"

当时，我们处于低谷期已经一年多了，我没办法继续坐以待毙，只想要自己的代理活下去，而且一定要活下去，所以那时必须得有个靠谱的产品给我的代理去做，而牛蒡茶就是最好的选择。

于是，我开始给团队讲这件事情，结果也遭到了他们的极力反对。"你开什么玩笑，我们手里还有这么多货，你又要做另外一个产品……"那是第一次，一些代理开始在群里闹事。那天晚上，我在群里开了两个多小时的会，将自己为什么会选择这款产品，包括我到实地去考察的细节一一讲给他们听。整个过程之后，事情才开始出现转机。他们停止了吵闹，一些人转而在群里说："我们支持你。"

但我心里很清楚，他们虽然支持我，但其实是没有钱再去拿新产品的，而且从内心出发我也不希望他们再拿钱做新产品。另外，很多人并不一定打心眼里实实在在地相信你，毕竟他们曾经交付了真心，一次、两次、三次，都以悲剧收尾。从最开始流量给不了，到之后升级包装，原本答应的旅游没有兑现，到后期做卫生棉，同时贯穿始终的发货问题解决不了，在这些问题上公司一直都是失信于人的。所以，按理来说，代理是有权利不信任我们的。

那个时候我真的很感激我的代理，经历了这么多事情，依然有一帮人表示支持我。

我想了一个办法，推行这样一个政策。我让所有的代理先卖牛蒡茶，等他们卖出去之后再打款给我，卖多少货，打多少钱，一个月积累下来到哪个级别就拿哪个级别的价格。同时，在他们卖出牛蒡茶之后，我也会拿出其中的利润来回收他们手中积压的私护产品。这也就意味着他们只要动起来，就不但能赚到钱，还能够把家里积压的库存慢慢解决掉。很多代理听到推动政策之后就开始行动起来，慢慢地，他们开始卖牛蒡茶，实现了这种良性循环。

但当时对于我来说，其实是不赚钱的，只是给公司创造了新的业绩,也让积压在代理手中的货全部转移到自己手中来。但我当时一心想的是,只要不亏钱,而且利于团队的事我都干。

大概做了一两个月的时间,当所有人都发现这款茶非常好卖时,我便主动向公司申请,去徐州一趟。这次我想去徐州开个大会,让我的代理都认识下工厂,因为我知道他们一旦去了现场,就会跟我一样充满信心。在几番请求和劝说之下,老板答应了我的要求,承担了我会议期间的所有费用。

几经风霜,我们的代理只剩下100多人,我跟他们宣导时说:"你们一定要去,而且最好约两三个人同行,人不要太多也不要太少,人太多的话会照顾不过来,但人太少的话又达不到活动的意义。我希望通过这次机会能帮你们把团队再次组建起来,所以无论如何你们一定要去,权当公费旅游也可以。"

通过这次宣导,最终到场400多人,但真正冲着产品去的却不到200人。经历完之前公司的种种政策,有了几次失信的经历之后,我已经完全没有了任何上台演讲的欲望,虽然我知道这次与之前截然不同,但还是想将这次的舞台交给我团队中的几个负责人,想在艰难岁月将这些光留给他们。所以,当时那场会议设计的整个流程中我都不上台,就连我最擅长的发言环节也没有。

可也就是那天夜晚,我彻夜难眠,想到我的核心代理台上经验都不足,但他们需要面对台下的200多人,万一因为他们搞砸了不就前功尽弃了吗?想到这,我改变了主意,决定第二天还是由自己上台,我一定得帮助他们把来参观的200多人变成他们团队的人,哪怕不能变成他们的代理,也要变成他们的客户,至少先帮他们把业绩做起来,让他们有相信的力量，这样才能真正为他们鼓一鼓气。

我要用什么样的方式发言才能获得台下200多人的认可呢？要知道在这之前我上台演讲从来都是在临场前10分钟准备，可这一次我认为自己有必要做出改变，因为它关乎团队能否再次崛起。我萌生了做PPT的想法，但却没有思路和方向。

思来想去，我突然联想到自己前两天在公众号上看到的一篇文章，是一篇演讲稿，风格十分简洁，几张简单的图片上配了一些精炼的文字。刹那间，我有了一些灵感，想模仿这个风格。但每张图片上具体要放什么文字呢？我到底要讲什么才能真正触动台下200多人的内心，让他们愿意加入我们呢？

我将自己想象成台下的观众，便逐渐有了思路。万事俱备，只欠东风，因为不知道具体要如何做PPT，凌晨三点钟我在群里寻求帮助。正好，公司的人也没有休息，很快就有人联系了我。我让对方给我做了一个十分简洁的PPT，主题是"我叫林芳芳"。

我选择用自己的故事做第二天演讲的内容。为什么？因为一路走来，我从一个普通人到拥有今天的成绩，还是令很多人羡慕的，哪怕只有那么一瞬间。我认为自己的经历就是最好的，能触动他们去做像我一样有机会站在舞台上发光发亮的人。所以我的PPT也是围绕这个思路，首先讲述我的故事，之后阐明我为何选择这款产品，以及我为什么要选择这个公司，最后我会告诉他们这是最好的选择。

当时，我还设计了一些互动的环节，让内容环环相扣。

比如当我说"我是林芳芳"之后，我会询问观众"你是谁"，或者说"你想成为谁"。这些问题会让他们开始思考自己在生活中所扮演的角色，触动他们的梦想。接着，我又埋下了一个悬念，对他们说："你们先别着急回答我，等我讲完，你们再告诉我答案。"继而，我开始讲述自己如何从一个宝妈逆袭为今天的职业女性，俨然一部鲜活的发展史摆在他们眼前。紧接着，我又列出了自己当时所面临的一系列选择，以及自己是如何理性思考、权衡后选择现在的产品，最后我告诉他们正是这些经历、这些大大小小的选择成就了现在的林芳芳。

"现在的林芳芳首先已经不再是谁的女儿，谁的儿媳妇，谁的爱人，谁的妈妈，而就是林芳芳自己。我变成自己曾经最渴望的模样，我可以站在舞台上，可以演讲，可以赚钱，可以赢得很多人的尊重……还记得我最初询问过你们的那个问题吗？请你们想想，你到底是谁？你想成为谁？"

当我演讲完，很多人被震撼，被触动，他们说道："我要做自己！"那一次现场效果非常好，成交率高达80%以上，同时也给了代理们极大的震撼和鼓舞。

回头来看，我觉得低谷也挺好，有时候困难跟低谷真的会激发一个人的斗志，也会逼着一个人改变，只要我们不服输，就能够把它变得更好。所以，我很赞同一句话，人一定要有逆商，也要有爱商。逆商可以让你在艰难中不倒，而爱商能成就人。

在这次会议后，我的团队也慢慢好转起来，包括公司也在一些新的流量渠道上有了新的突破，而其实在这个过程中，还发生了一些事情。

自我在北京成立销售公司，组建直营团队后，短短三个月时间，就发展到了100多人，而第二年经历低谷时，却只剩下30人。看着一个个空落落的工位，我每天的心情都十分复杂。后来因为公司场地租

第3章 从追随者，到开拓者

金昂贵，我便与先生商量换一个地址办公，及时止损。当时，其他团队长都放弃了直营平台和团队，但我却从来没有想过要放弃。为什么？这些人都是我当初从全国各地选拔来的，北到吉林，南到广州，我不想就这样将他们遣散，我感激留下来的继续信任我的人，我不想对不起他们，所以还想再拼一下，再努力一把。但其实当时对于我来说，如果不放弃直销平台也意味着我需要承担更大的压力。

之前，我与先生进行了分工，线上由我负责，线下由他管理。但那时只盲目追求销售业绩，却没有给线下团队做任何赋能。所以，当我们放慢脚步后才开始认真思考这些问题，要想把他们留下来，除了要给他们赋能，还要让他们感受到更多的温暖。

既然不放弃，不认输，我们就要朝着更好的方向前进。2017年4月我们的直营公司搬离了原办公场所，我们找到了北京四环边的一栋三层别墅，一二楼办公，三楼是我休息的地方。我担心团队员工因为突然换办公场所而感到落寞和不安，所以举办了一个以"乐恩梦之家"为主题的乔迁之喜活动，同时也召集了全国各地的一些代理来活跃气氛，但当时也只有20个人到场。

开业典礼那天，我极力隐忍，努力想要表现得高兴，但上台发言时看到那一张张面孔我还是绷不住哭了。亲历团队一下从数万人到如今的寥寥数十人，我难受，可更让我难受的是我感受到自己团队所面临的困难。一直以来，我都是一个责任心很强的人，不愿意看到自己的团队跟着自己一起受难，所以看着他们，我感到无比难受，如鲠在喉，始终无法开口。

活动结束后，我们开始进入正常的工作状态，但最开始做牛蒡茶时，销量也并不是很好。直营团队生活成本也很大，与线上代理不同，一直以来他们都拿高提成工资，所以是没有底薪的。而且平台更依赖流量，但当时公司却没有任何流量扶持，而没有流量对于线下代理来说十分艰难。那时我也非常焦虑，甚至很怕下楼，每天看到一些人陆续离开，想挽留却又找不到任何有效的办法。只要一想到他们每月最低的生活费都需要 2000 元，但他们的收入却远远不够时，我的头皮就开始发麻，留在这里的人完全就是贴钱跟我一起硬撑，我的胸口就像被千万斤大石压着。

那段时间，我一直在想应该怎么办，如何才能找到一条出路，后来终于想到了一个办法。

一天，我召集所有人到楼上开会，告诉他们，我们要建立一个制度，要做班级文化，相应地，我们要选出学习委员、文艺委员、体育委员。

学习委员顾名思义就是要将每天成交的单子收集起来，组织所有人在每周一下午的学习分享会上，研究成交的聊天记录，分析成交原因；同时，负责组织周二下午的读书会，一起学习一些课程。体育委员则需要在周三和周五带领我们出去运动。文艺委员则需要每天在上班前 10 分钟教大家跳舞。

我要让他们有事做，至少先忙起来，不要一天到晚处于无所事事、心里发慌、唉声叹气的状态，我要给他们找事情做。先把心态调整好，慢慢步入正轨，踏实做事，点滴积累，业绩自然就会好起来。

当时，听到这一新鲜的消息，很多人都觉得有了干劲，至少大部分人眼里开始闪现了光亮。那一刻，我的内心一下子就安定了。

其次，为了缓解他们的生活压力，我对他们说："我现在每个月先发给每个人 1000 元钱，也可以算作无责底薪，直到我们整体的状况得到改善之后再取消。"听到这一消息，他们更开心了。

我带团队的想法可能不太一样，越是在困难、不挣钱的时刻，反而对团队投入和付出的越多。

同时，我们每周还要组织一次活动，比如，周日一起买菜，在别墅里做饭、聚餐；一起去看电影……每周我们都要举办一次集体娱乐活动。

在这些制度的推行下，还真达到了我想要的效果。员工们开始变得有事做，忙碌起来，也就忘记了迷茫，通过学习委员及大家共同的努力，很多人的谈判能力也不断得到提高，出单率也变得高了起来，整个团队的氛围也朝着好的方向发展。

后来到了下半年，随着流量的不断积累和增加，团队中每个人的收入反而比之前巅峰时期还要好。那时我内心只有一个想法，我要带领他们走得更好。事实证明，我兑现了自己许下的诺言。

第二次低谷亦是至暗时刻，但我内心却多了份从容和淡定，因我深知，那些打不倒我的，必将使我更强大。

3.5　感知使命，布局健康产业

走进低谷后，公司新进了几位高管，试图通过成本控制改变公司继续跌入谷底的状况。我们都将其称为"精算师"，对于他们的一些做法我当时十分不能理解，这也成了我下定决心离开公司的导火索。

以前做销售从来没有与公司算过流量账，一般我们要打多少广告，老板基本就答应我们打多少广告，当然最终业绩那么高，也从来没有令公司亏损过。当公司效益不好时，出于成本考虑，他们开始精打细算。这点则与我完全相反，我通常都是在收入不好的时候，投入更多的钱在员工身上。不过这也许是因为我的团队规模还不够大，可能当时站在公司的角度，拥有如此庞大的规模，面对这样的局面，尽量减少成本开支是最好的方式。

一次，领导突然告知要停止我的广告流量，我感到非常诧异，因为每个月我都在回款，为何要停我的广告呢？他们拿出的理由是我当月给公司的回款不够。这一下也倒逼我开始算账，而这一算我才发现公司机制中存在的巨大漏洞。

当时公司规定，每回款 100 万元，只给我们 20 万元的广告额度（30 个流量），但公司却让我们给代理承诺，每一个新升级的代理能给他 60 个流量，这也就意味着其实我们每做 100 万元的业绩，需要 40 万元的广告费额度，另外相差的 20 万元的广告费额度要怎么办呢？再给公司回款 100 万元。这是一件细思极恐的事情，只要我的团队越来越壮大，销量越做越大，我欠代理的流量就会变得越来越多。

我发现这是一个我填补不了的窟窿，所以为了这件事情我找当时负责牛蒡茶项目的副总谈了两次，但他始终都没有给出正面回应。我找了老板，他也没有给我任何回复。我心想绝对不能再继续这样下去了，我不想再给代理承诺所谓的流量。因为我和代理曾经都被流量狠狠地伤害过，好不容易劫后重生，却又开始重蹈覆辙。我能感觉到如果继续发展下去，我就会再次失信，后果可想而知，而我绝对不允许同样的悲剧再发生一次。

所以，自我从徐州回来就不再让代理走冲销量拿流量的模式了，我们用自己的方式慢慢卖，也逐渐不再承诺流量，也是从那时起我彻底脱离了公司的约束，因为前面每一次紧跟其脚步最终都让我失信于团队和市场。

这也促使我开始更加清晰地思考自己和团队的未来。

虽然，我的业绩不错，可与另外两个团队相比依然存在差距，老板常常开玩笑说，老大老二挣业绩，老三人品很好。但对于一个销售团队长，一个做业绩的人来说，被夸人品好，其实并不是一件值得开心的事。这就好比，当我们谈恋爱时，被对方发好人卡是一个道理。

我开始认真思考我与乐乐之间的差别。透过业绩来看，我和她完全属于两种不同类型的人。她热爱销售，而我更喜欢创新，更喜欢挑战。从销售的角度来看，严格意义上来说，我并不出色。比如乐乐常常说，这个月我要做一个亿的业绩。但对我来说，我会觉得这个人怎么这么奇怪，是不是有点天马行空？明明上个月业绩才几千万，一个亿从哪里来，是以什么为计算依据的？这也表明我对于销售是没有太多感知度的，或者说我没有数学思维。用李践老师的话来说，我没有任何数学思维，几乎都是用语文思维在做业绩，告诉员工如何前进。但乐乐不一样，她很会分解业绩，她知道这一个亿分担到哪些人身上，共同努力就能达成目标，所以她是在用数学思维调动员工。

可尽管这样，也并不代表用语文思维的我不具备优势。我更加偏重情感，会更具有感召力。虽然我不适合自己做业绩，但我更擅长整合团队，用策略来让团队做大业绩。比如当初我影响乐乐来到现在的公司，包括之前我吸纳其他团队长加入我的队伍等，所以我更擅长管理，哪怕我自己做业绩不是最优秀的，但我可以凭借自己的能力整合资源，招揽更多顶尖销售人才来做业绩，这才是我的优势。俗话说，尺有所长，寸有所短。如果用相同的机制去培养我们，便很难激发我的潜能，让我发挥出最大的价值。

在明确自己的短板和长处之后，我也多次向老板提过，能不能给我一个机会让我学习管理，哪怕是助理的位置也可以，我想往上进一步。但我的提议因为各种原因，最后不了了之。

第 3 章　从追随者，到开拓者

当时我面临两个选择：第一，留在公司，继续做下去，而这条路的结果是我没有任何上升的机会，自然无法给团队带来更好的成长，同时我欠他们的流量越来越多，信用流失越来越严重，最后团队会崩溃。第二，选择离开，虽然前途未知，但我觉得它至少还充满更多的可能性。

2017年7月，外婆的离开让我更加坚定了离开公司的想法。

从小，因为父母忙于生意，我由外婆带大，大大小小的节日都是外婆陪我度过，我人生中很多第一次也都是由外婆参与。所以，外婆在我心里占有特别重要的位置，我对外婆的情感甚至比妈妈还要深。

我从小就有一个愿望：长大以后一定要通过自己的努力，赚很多很多的钱，带外婆一起过更好的生活。还记得我大学时兼职，第一个月赚了700元的工资，我给了外婆500元。虽然外婆执意不要，但我想跟她一起分享我的喜悦。在我心里，外婆甚至比我自己都重要。

在我怀孕期间，先生远在国外，我便住在外婆家中养胎，那时都是外婆细心照顾我。每天晚上在我准备睡觉之前，她都要煮一些东西给我吃，可我为了保持好的身材，害怕吃得胖胖的，总会拒绝和推脱："我不饿，外婆你为什么非得要我吃夜宵呀？"外婆总是笑意盈盈地说："不饿也要少吃一点。"

每天晚上，外婆都会坐在我床前的椅子上，虽然她已经很困了，一直打着瞌睡，但怎么都不肯回自己的房间。一直等到我有困意了，她就会起身去给我热牛奶，煮鸡蛋，看着我吃过，她才能安心地睡觉。有时，当外婆在我旁边打瞌睡时，我会静静地看着她，看着她斑白的头发，听着她均匀的呼吸声，内心充满了幸福和安定。似乎只要外婆在我身边，我就会感到格外安心。

随着外婆年岁的增长，身体也每况愈下，很多潜藏的慢性病也日益显露。

儿子出生后不长时间，我还在做月子期间，就被告知外婆摔倒了，但后来又告诉我并无大碍，只需要在床上休息一段时间。其实，在我怀孕住在外婆家时，这种情况就曾发生过两次。第一次，外婆在家中晕倒，当时被送往医院检查，我才知道外婆有"三高"，医生开了很多药给外婆吃。第二次，外婆却怎么都不肯再去医院。她是一个十分勤俭的人，因为害怕去医院花钱，所以任凭我们怎么劝说，她都不去医院，之后也一直没有吃药。而那时我们对于"三高"这些慢性病也没有清晰的认知，更没有意识到这些病隐藏的风险性及严重性。

在我做月子期间，外婆又一次摔倒，依然没有去医院。结果第二天醒来外婆就偏瘫了，被送到医院时，医生表示耽误的时间太长了，已经错过了最佳治疗时机，只能尽力想办法治疗。从那以后，外婆就只能一直在床上躺着。

子欲养而亲不待，树欲静而风不止。外婆走的时候，我难受极了，连她最后一面都没有见到。对外婆我始终感到深深的歉疚，自从婚后有了孩子，也就有了更多的琐碎和牵绊，再加之前些年自己的状态并不好，婚姻家庭中的困扰也很多，自然也很少回去看望她；等我做微商，逐渐找到自我，越变越好时，我又开始变得十分忙碌。我还没有来得及好好地孝顺她、报答她，哪怕只是陪陪她。我曾经想象过的好多要和外婆一起做的事都没来得及……

我很后悔自己没能早点关注到"三高"这类慢性病的风险，及时帮她治疗，叮嘱她按时服药，我很遗憾没能早点接触到牛蒡茶。如果外婆早几年一直在喝牛蒡茶的话,她的"三高"就有可能得到一定的控制。

因为我有这样一个缺憾,所以我希望帮助更多的人去认识它。同时,如果能够给更多的人普及这种防治慢性病知识,帮助更多的家庭去提早预防,那么它本身就是一件有意义的事。

当我遇见牛蒡茶,了解它的历史,得知它有降"三高"的保健功效后,一种情怀油然而生——这就是我要做的产品。但对于公司来说,牛蒡茶却只是一个产品,他们没有这种情怀,但它于我而言,却意义非凡,我想要做一份关爱健康的长久事业。

从品牌发展来看,牛蒡也有着先天的优势。

牛蒡茶历史悠久,不是由微商而催生的产品。另外,牛蒡还能做很多衍生品,这对于打造一个品牌来说,有着先天的优势。

回顾我的微商经历,从面膜到女性私护,再到后期的牛蒡茶,品类跨度非常大,这无论是对打造品牌还是积累客户都有很大的障碍。一旦换新品之后,代理手中的货就不再好卖。

可牛蒡不一样,它本身具有很多保健功效,除了可以做茶,还可以通过其他配方做牛蒡酵素面膜、牛蒡去屑洗发水、牛蒡祛痘膏等,可以完全实现跨品类,但又与传统意义上的跨品类又有着本质区别。就好比百年企业正官庄一样,它主要经营红参,同时也做了很多以红参为原料的衍生品,如红参保健膏、红参洗发水等。

从未来发展来看,牛蒡在国内市场可以大展拳脚。

牛蒡当时在国内还不够普及,几乎没有什么知名的品牌,所以我认为它在中国具有巨大的市场潜力。我看到了一个很好的产品,用它来建立粉丝,然后再做产品的粉丝矩阵。

从 2017 年 4 月份开始，我在各大平台学习，包括去日本游学，也让我对未来有了更多的想法和规划。但我日渐发现公司的商业价值观和对未来的规划其实跟我并不吻合，所以我在 2017 年 12 月底，正式提出了离职。

当我向老板说出口的那一刻，我依然十分难受和不舍，毕竟这个公司给了我太多的东西。我感恩老板，因为是他给我提供了宽广的舞台，成就了现在的我。虽然我们遭遇了很大的挫折，但当我决定要走的时候，公司已经开始回暖，在走上坡路，甚至也吸收了一些厉害的团队。他们慕名而来，因为我们之前的确创造了很多财富效应及行业声浪，所以那时候即便我离开，对公司也不会造成太大的影响。

我很清楚地记得提出离职的那天，老板还在挽留，他对我说："芳芳，你也不要走，因为我没看到你的方向，而且你留下来，日后还有机会，你走之后……"但我那时心意已决，我与老板吃完晚饭，老板让司机送我回家。车刚出大门，我便叫住了司机："您放我下来，我待会自己回去。"当时，我的内心十分舍不得，一瞬间，酸甜苦辣，好多回忆全都涌上心头。无论我多么不舍，但我必须要走，因为我想做一个长久的企业，一个有沉淀、能复利的企业，而这些愿望都是在现在的公司无法实现的，所以我们不一样。

虽然我坚定了要做牛蒡产品，但离开原公司后，我也开始思考具体做与牛蒡相关的什么产品。因为不想与原公司对立，影响他们的业绩，所以我暂时放弃了牛蒡茶。基于健康产业，我想要做一款减肥产品。

自从生完两个孩子之后，我便开始减肥，尝试了很多方法，但最终都以失败告终，所以从那时起我就格外关注减肥产品。美和健康令

第 3 章 从追随者，到开拓者

所有人都向往。作为一个减肥者，我完全了解减肥人的心理，我也深知减肥的市场有多大。

正好在这之前我又碰到了一个比较好的配方，所以我想牛蒡这么好的产品，我完全可以拿它跟这个配方完美结合。因为牛蒡本身也具有减肥的功效，只是它并非专门针对减肥，它可以根据人的不同体质进行调节。

离开上一家公司，我带团队从北京又回到了福建，开启了我们的牛蒡品牌之旅，我们要打造牛蒡生态链，着手布局大健康产业。

作家茨威格说："一个人生命中最大的幸运，莫过于在他的人生中途，即在他年富力强的时候发现了自己的使命。"经历了跌宕起伏，从追随者到开拓者，我撞见了自己的幸运。

第 4 章
Chapter 4

以爱之名,打造微商行业最有温度的企业

真正能够长久的企业必然是有温度、有情怀的企业,而不是一个只会赚钱的机器。乐恩一路走来,不断迭代、裂变,唯一不变的是为代理创造幸福生活、筑梦人生的坚持。传播有温度的文化,打造有温度的团队,是乐恩实现品牌梦想、书写品牌使命的必经之路。

4.1 股权激励制：人人都是股东

微商已经不再是微商，微商还是微商。

自从我在迷茫中重新找回自己，获得重生的那一刻，我的梦想就已经悄然在心底扎了根。我一直都有一个坚定的信念，自己做微商并不是单纯想小打小闹，而是要将其当做一份长久的事业来经营，这不仅是我的初心，也是我为之奋斗终身的使命。这一路走来，我的梦想更加清晰，我的内心也更加坚定。

微商经过了漫长的野蛮生长时期，成就了无数普通人，但是在很长的时间里，在微商行业成长壮大的过程中，却伴随着明显的副作用。所以，我们要走向微商企业化、企业平台化，这是一个有情怀的微商人的行业使命与荣耀。

有调查显示，80%的创业公司活不过三年。从几千万到几个亿，跨过公司发展的第一阶段后，最重要的事情是流程化和组织化，只有企业化、平台化、规范化，才有机会跨入企业发展的第二阶段，跨入从几个亿到几十个亿的壮大阶段。

但这一点却和很多企业的目标相悖。很多企业做计划都只关注短期目标，却不愿意花精力去做一个长线规划。它们只会根据自己的一亩三分地，盘算着自己有多少头牛，要干多大的事，他们的思维是典型的盘子思维，即站在现在看未来，而不是站在未来看现在。短期主义者看似取得一个个成就，实际上却并未触及问题的根本，这种短浅的目标会画地为牢，自我设限，最终的结局一定是企业既飞不高，也走不远。

对个人、企业、社会来说，短视都是致命的，而乐恩的价值观是要做一个有格局、有情怀的长期主义者。

2017年我去了一趟日本，参观了日本很多的百年企业。之所以选择去日本，是因为日本拥有目前世界上最多的百年企业，而我的目的是游学。那时正值我创业的第四年，在这四年中，我们经历了两次低谷期。这个行业非常不被人看好，很多人甚至认为这个行业完全没有前途和未来。因为在当时，在这个行业里每天都有太多的企业一夜之间忽然消失，其存在的寿命似乎都无法打破两年的魔咒。

这也不禁让我开始沉思，这个行业到底有没有未来？我做的这个事情到底值不值得坚持？它是否值得我及我的团队用青春岁月去为之奋斗？我不想等到我40岁的时候才猛然发现这个行业没有未来，而我又要从零开始，从头再来。同样，作为团队的领路人，我必须看清方向，不辜负同行者的信任。所以，我想做一份长久的事业，经营一个走得

第 4 章　以爱之名，打造微商行业最有温度的企业

长久的企业。因此，我想去看一看日本的百年企业，看看它们到底是如何做到的。

我参观了花王、养乐多、朝日啤酒、京瓷、软银，这些企业无一不用历史智慧启迪我们，企业的长存首要在于经营理念，回归伦理与道德，不被短期利益蒙蔽双眼，才能实现真正意义上的传承。

正如稻盛和夫先生所说的"敬天爱人"，这四个字对我触动极大。"天"指天道，用中国传统文化来说就是指良知、天理，我们要对良知和天理保持敬畏之心；爱人，顾名思义，站在企业的角度，管理者要善待员工、敬爱客户。投射到我自己身上，给我的启发是：有那么多人信任我，认可我，追随我，我一定要敬畏这一份信任。

"敬天爱人"这四个字从此深深地扎根在了我的心里，从日本游学归来，我豁然开朗。企业的文化和价值观才是凝聚人才的力量。换句话说，我们要低头拉车，车要拉得快，拉得好；同时，也要抬头看路，要仰望星空。这是一份伟大的事业，我们已经肩负使命，我们需要不断激发团队的使命感。

使命感不是靠喊口号喊出来的，是被企业文化熏陶、被制度激励出来的。于是，我下定决心开始着手准备一件十分有意义的事——设计股权制度，一起把事业做大。

我找到了国内领先的专业的股权方案设计公司——华一世纪。它是中国最知名的股权激励方案设计公司，十多年来专注股权激励。这一次，我们请它为乐恩小怪瘦量身定做股权激励方案。

当华一世纪的负责人见到我的那一刻，他肯定地说："这对于乐恩员工来说将是一件十分幸运的事，他们找到了一个平台，唤醒了他们

的责任，赋予了他们的使命，成就了他们的梦想，让他们能够为这份事业奋斗终身；同样，对于整个行业来说也是一件伟大的事情，股权激励制能让乐恩为客户、为整个行业创造更大的价值。"

同时，他也告诉我，十年来，我国的企业家只有3%会去咨询股权分配，落地执行的就更少，而乐恩已经是属于那其中3%的企业。

2020年11月11日，是乐恩小怪瘦乃至全行业都会为之振奋且具有历史记录意义的一天。在这一天，乐恩小怪瘦正式发布了股权激励机制，这是一个行业首创的壮举，同时也是乐恩坚定使命、履行责任的最好践行。

乐恩在行业内首创激励制度，真正赋能经销商，不辜负任何人的用心交付，用品牌资本计划、股权激励估值、未来资本路线，给每个乐恩人更长远的收益，创造更稳定的收入。

股权激励机制需要以一定的战略规划、企业文化、目标管理、绩效考核以及薪酬管理体系为基础，乐恩小怪瘦股权激励机制的落地也意味着企业具备更规范、更专业的管理。

我将乐恩小怪瘦30%的股份拿出来给经销商配股，每年分配6%的股权，计划五年完成。同时，乐恩股权分配制度主要根据业绩比例来配股，首先给予虚拟股，后期达成一系列考核便可成为正式股东。

小怪瘦的股权分配制度打破了传统微商行业的痛点，即层层分明的等级制度，真正做到能者上。我希望能为代理提供持续上升的东西，我希望给予他们更多的机会，让他们能站在更高层与我共创未来。

张真，作为乐恩首批荣耀股东，见证了乐恩的一路成长。他说，乐恩的每一个转折点都让他刻骨铭心。乐恩股权制度是激励、荣耀，

第 4 章　以爱之名，打造微商行业最有温度的企业

也是责任和使命，未来他会带着这份荣耀继续把乐恩做大做强。

其实，不止是张真，还有很多与乐恩同行的人，如陈群星、炎炎、吴惠琳、宫睿含、蒙柳姣、张敏……他们同样用自己的努力成为乐恩的首批荣耀股东。他们说，乐恩的股权激励机制让团队更多的人看到了乐恩一直以来所传达的经营理念，看到了乐恩在不断践行自己的责任和使命。

炎炎说："感谢乐恩，给了我这么好的机会，让我无比幸运地成为乐恩集团首批股权获得者。我相信是因为我们彼此都有一份坚定的信念才走到今天。乐恩这个大平台，让我们每个人都能得到迅速发展与成长，让每位乐恩代理商都和别的微商不一样。"

蒙柳姣说："今天我以乐恩股东的身份立誓，将以乐恩百年企业的发展作为共同目标。"

股权激励机制让所有人享受公司收益的同时共同承担公司的风险，实现利益捆绑，变成真正的一家人，营造了团队更强的归属感。

股权激励机制也激发了员工的主观能动性。

杨柳因与第一批荣耀股东失之交臂而流下了惭愧的泪水，她认为股东更是一种荣耀的象征，是榜样力量的代名词，自己作为团队长没有给代理树立这个榜样，十分有愧，那是她作为团队长第一次嚎啕大哭。陈群星告诉她，错失第一次也并不是一件坏事，还有机会，只要确立好目标，在接下来的时间里拿出实际行动，全力以赴就一定能抓住下一次机会。

因为有了更明确的目标和方向，杨柳抓住各种机会，不断突破自己，跨省走线下，开沙龙，帮扶代理……一路稳扎稳打，终于通过一

年的时间成为乐恩第二批荣耀股东，还成功培养了一位新股东。

在乐恩还有很多像杨柳一样的人，也许错失了第一次成为荣耀股东的机会，但却激起了他们高昂的斗志，让他们目标明确，在接下来的时间里不断进取。于是第二批、第三批……很多荣耀股东荣登冠位。

乐恩永远不只想要帮代理提高物质生活水平，更是要帮代理规划整个有价值的人生。

4.2 乐恩"女信节":绽放"女信"成长力

在乐恩,我看到了一群平凡而普通的女性,创造了无数奇迹,在她们身上迸发着无限耀眼的光芒。这让我想起了一个词语——觉醒女性力量。我深以为然。

毕业结婚后,我成了一个有梦想,但却只能围着现实打转的女人,我的心逐渐被生活淹没,变得麻木、停滞,开始犹豫不决,久而久之,就连梦想都被现实淹没。有一句话是这样说的:"当我们逐渐习惯了一种生活时,就会对另外一种生活缺乏想象。"

在无数个瞬间,我也会追问自己究竟是为了什么而生活,那种追问不是渴盼期望,更像是堕入深渊不见阳光后来自灵魂的孤独的、绝望的呐喊。

法国思想家、文学家,罗曼·罗兰曾在《约翰·克利斯朵夫》一书中说道："一个人生气蓬勃的时候决不问为什么生活，只是为生活而生活，为了生活是桩美妙的事而生活。"所以，反过来说，当我们被负能量包围，质疑自己为何而生活时，显然不是我们最好的状态，我们都明白自己不是为了美妙的生活而生活，而是在迷惘、彷徨中虚度光阴。

长久以来，我们女性都被鼓励着去过一种"四平八稳"的生活，我们想当然地把安稳和幸福画上了等号，但事实却并非如此。

以前的女性，囿于世俗，被定义、被束缚、被阻碍。我们被一种约定俗成的偏见所捆绑——家庭才是女性最应该回归的位置，相夫教子才是女性的本职。

幸运的是，我内心一直有一个执拗的声音告诉我，为家庭的付出并不应该成为衡量女性价值的唯一标尺。女性常常在社会上扮演着各种角色，女儿、妻子、母亲……但却唯独不是自己。可这也是问题的症结所在，作为女性，在后天拥有其他社会身份之前，我们首先应该是自己。

从思想的深刻认识到勇敢地踏出第一步，到不断学习，开阔自己的视野，汲取扎根的力量，再到一路排除万难，坚定地前行，我摘掉了家庭主妇的标签，甩掉了依赖、委屈、抱怨，收获了独立、勇敢、快乐、坚定，我遇见了更好的自己，更精彩的林芳芳。

我认为，女人这一辈子，是需要梦想和美丽的执念来推动前行的，我们愿意听从自己内心的安排，专注、美丽，对得起岁月，坚持不负过往。努力做一个发光发亮，值得人爱，对社会有价值，有贡献的人。

可梦想也不是拿来喊口号的，它基于认知的觉醒和正确的选择，与成功的人为伍以及用科学的方法坚定地前行。

值得庆幸的是，随着社会的发展，女性的认知觉醒乃至整个社会对女性的定义都发生了翻天覆地的变化。谁说女人只能在家相夫教子，女性的生活也不再局限于眼前的家务劳动，实现自我价值，活出真我，已然成为大多数女性的追求。

这一点，从生活的细微中也有所体现。

正值三八妇女节，可作为一个中年妇女，我总感觉自己怠慢了这个节日，是不是只有我一个人是这样的？好奇心促使我询问了一位"90后"女生："你是怎么过妇女节的？"她头也不抬，脱口而出："过妇女节？没空，我要挣钱干事业。女性首先要学会独立，要是连自己养活自己的能力都没有，等着男朋友或先生送礼物？一点意义都没有。"

不得不说她的想法十分成熟，而这种成熟大抵就是认清了如何通过工作掌握自己生活的方向盘，她的话也不禁让我想起了刚过去不久的春节。

大年初三恰逢情人节，我本以为这一天应该会有很多人出来晒幸福，但让人始料未及的是，朋友圈中除了一些微商代理为了刺激消费而放出的一些情人节优惠活动以外，鲜有情人节的浓郁氛围，一片寂静祥和，连以往喜欢秀恩爱的广大女性同胞都没怎么露面。但有趣的是，在短短两天后的大年初五，朋友圈却变得热火朝天，好似天下所有姐妹都集体"蹦"了出来，大张旗鼓地迎财神，一片欢天喜地的景象。

其实，从女性对一些节日态度的细微变化我们也不难看出，女人们的愿望已经不再是风花雪月的虚无缥缈，我们的愿望变得务实且高级。

这也是时代赋予给我们的。这个时代为女性提供了更多的可能和选择，家庭、事业、梦想……越来越多的女性开始有机会、有选择，她们勇于释放自己的能量，耕耘梦想。她们活出了自我，在各自的领域里闪闪发光。

但依然也有一群平凡而渺小的女性，在黑暗的路上不断尝试摸索。她们在日复一日，年复一年的生活中，也会渴望有一个突然的机会让自己获得人生的救赎。她们可能来自草根阶层，学问不高，没有什么技能，但却有一颗不甘于命运、向上而生的心。

我想用自己的故事，用自己在成长中收获的力量去影响、帮助她们。我深知，成功其实一定是有方法的，我看到了，并且抓住了这些机会，接下来的这一生，我想帮助更多人成长，这也是我创造乐恩的初衷。

所以，当我真的有机会去创造一个平台的时候，那些渴望自己平凡人生有一些不平凡机会的人，可能就此得到了帮助，改变了一生。

今天，乐恩的事业，不止帮助着千千万万的女性提升能力，获得思维的成长，而且也在激励着更多女性家庭背后的子女。反过来说，乐恩的每一个人都在各自努力，像那闪耀的星星之火，点燃自己，照亮别人，感染着身边的每一个缺乏力量的人，感动着无数黑夜中彷徨孤独的灵魂。一段段平凡且又伟大的经历都在告诉我们：要成为我们自己命运的主人，我不是谁，我就是我，朝梦想前行。

很幸运，我们抓住了时代赋予女性巨大的机遇，守住初心，用聪明、才智、勇气、耐心赢得更好的未来。

思索万千，在 2020 年 3 月 8 日，我成立了乐恩"女信节"。我们用自信的能量、正确的选择、科学的指引帮助更多的人走向成功。

在这一天，无数乐恩女性分享出自己的生活，呈现了一段段传奇人生，传递更多女"信"的力量。她们对家庭、梦想、自我也有了更深刻的认识。

乐恩的家人说："不管怎样，女性都应该具有职场竞争力，要能与时俱进，不论在任何时候都要保证自己有足够的实力与勇气，只有这样即使你退隐'江湖'，也能在这个社会和时代中很好地生活下去。"这也是我现在经常会跟团队说的话。

也有人说："从未想象过自己会有如此大的能量，加入乐恩，一直都在不断发掘自己的潜力。从之前的家庭主妇到现在的职业女性，状态越来越好的自己，也在不断地影响着孩子，成为孩子的榜样。"

还有人说："之前总是羡慕别人，但不知每个人其实都是独一无二且无法替代的，只有努力活好当下，才能不在遗憾中错过更好的自己。"

总而言之，"女信节"的成立时刻鞭策着每一个乐恩人，不断向前，永远不放弃自我成长，无论你选择哪种方式生活，都要活出真我。

在过去的几十年里，中国女性在不断改变，不断突破，为了捍卫那些她们值得拥有的生活而努力。今天，我希望乐恩能担此殊荣，肩负使命，继续赋予女性前行的力量，帮助女性绽放"女信"成长力。

我们对于成功的定义，不在于要赢过多少人，而在于我们影响了多少人，帮助过多少人。我相信在未来的日子，我们每一个女性都会努力创造自己的世界，成为每个年龄段最美的自己。

我们可能不是女神，我们是一群有信念且自信的普通人，但我们普通却又闪闪发光。

4.3 乐恩休息日：与家人携手同行

幸福是什么？

我曾询问身边的一位好友，她说："我觉得幸福就是什么都不用做。"彼时，她还在一家金融公司上班，平时基本没有周末，假期少得可怜。

一个多月后，她辞职回了老家。没过多久，我便在一个早晨收到了她的信息："什么事都不用做的日子实在太无聊了，我觉得幸福的意义绝非如此。"

我曾经的想法也与她之前一样，总认为不用被工作束缚应该是一件极其幸福的事情，但当命运真给我提供了这样一个契机，让我不用为物质生活发愁，可以选择在家做全职太太时，幸福并没有如约而至。相反，我之前所向往的生活甚至有点令人窒息。

第4章 以爱之名，打造微商行业最有温度的企业

经历了一段寻寻觅觅的过程，而后我终于明白，纵使一千个人有一千种活法，但每个人终其一生不过是追求一个最好的生活状态，而这个最好的生活状态就是：有事做，有人爱，有所期待。

有事做，才能填补我们内心的荒芜。

在电影《实习生》里，70岁的退休老人本·惠科特为了排解孤独的老年生活，重新寻找生命的价值和意义，他重返职场，成为一名高龄实习生。在职场中，他学习新的技能，结交新的朋友，甚至凭借着自己丰富的人生阅历，成为众多同事的人生导师，帮助他们排解人生中的一些困惑，与他们相处得其乐融融。在这里，本重新找到了人生的价值和意义。

有事做，把一件事情做好，这种成就感和满足感是无法比拟的。

有人爱，才能让我们幸福倍至。

人总是需要做些什么才能体现出自己的价值，但这种价值所带来的成就感并非源自孤芳自赏，而是有家人的见证和陪伴，我们也需要人爱。我们努力拼搏是为了什么？无疑是为了更好的生活。可我们在拼搏的过程中，常常会因为一些身不由己或其他的原因，而忘了自己出发时的初衷，在无间隙的忙碌中渐行渐远，纵然最终做出了一番傲人的事业，也会在无数个深夜里感到绵绵无尽的孤独。

生命的真谛，是感受爱和自由。来自家人以及身边朋友的爱，能让我们更有力量去面对生活，去拥有更好的人生。

有所期待，才能给我们提供源源不断的动力。

期待自始至终都贯穿在我们的一生中，物质、名誉、成就、爱……在生活中和工作中痛苦、失意在所难免，可一旦有了期待，心中热情的

火苗就会不断迸发出无穷的力量,帮助我们克服艰难险阻,走出困境。

有事做,有人爱,有所期待是人生最好的一种状态,也是幸福的最高境界。可大多数人往往在追求幸福的过程中,逐渐偏离了目标,陷入一个极端:忙碌于事业而忘记休息、生活。

在我的生命中,有两件事情让我对此体会极为深刻。

在我很小的时候,父母就开始忙于生意,我与外婆一起生活。虽然父母给了我富足的物质生活,但我却十分缺乏他们的陪伴。小时候,我特别希望自己能像其他同学一样,可以由父母接送;在很多个本应该团聚的节日里,我希望父母能陪在身边。随着父母生意越做越大,他们越来越忙,吵架的频率也越来越高,感情也逐渐变差,甚至有时候在为数不多的一家人团聚的时光里,也会发生争吵。最后,父亲与母亲在婚姻的路途中也走散了。我一直都觉得,他们在忙碌中逐渐忘记了自己创业的初心。

另外一件事则是在我婚后一年多的时间里,先生远在国外的日子。那段时间,因为自己太年轻,也不会处理婆媳关系,生活中总有说不完的委屈,再加上初为人母,面对孩子的各种状况,我常常感到心力交瘁,有种被全世界抛弃的孤立无援和不被理解的孤独感。所以,我深知陪伴的重要性,更懂得家庭温暖的重要性。

从那时起,"有事做,有人爱,有所期待"就变成我的人生追求和理想,我告诉自己,在拼搏事业的同时,也要与家庭同行,哪怕再忙,也要抽出时间来陪伴家人和孩子。多年来,我一直都在践行这一初衷,这一理念也深入骨髓。而当我的事业日渐蒸蒸日上,有幸成立自己的企业,树立自己的品牌时,我也毫不犹豫地将这种理念根植于企业文化之中，因为我想我的代理也应该获得真正的幸福，这才是我们逐梦的初衷和筑梦的终极目的。

快乐做事，感恩做人；对于梦想无所畏惧，让幸福变得触手可及是乐恩践行的宗旨。

从北京一路坚持，再到厦门，于乐恩集团而言，它已开始了逐步从小团队向企业化品牌服务商的角色转换。这一路走来，十几年的裂变，唯一不变的是为代理创造幸福生活、筑梦人生的坚持。

为了这一企业文化能更好地传承下去，乐恩集团在2019年7月首创行业"微商休息日"。我在创始人寄语中写下了这样一段话：

我希望跟大家一起奋斗，但是不希望大家跟我一起拼命，我不要你们有了事业，却伤害了健康。

当初我们做微商，是为了更好的生活，也能更好地照顾自己的家庭，陪伴孩子。所以，我不要你们为了工作而放弃幸福和快乐的时光。我们做的是人的生意、信任的生意。客户不会差那么一天半天，代理也不会差那么一天半天。最重要的是，如果这是我们和客户、代理约定的假期呢？我相信客户更喜欢这样的我们，做事业很拼，家庭也很幸福。

再多的财富，背后都需要爱的支撑和传承。所以伙伴们，放下你手中的手机；在这个周末拿出半天时间，回归到爱你的人身边，在拼搏的青春，我们不要留下遗憾！把乐恩文化持续发扬光大——快乐做事，感恩做人！让我们面对着面，心连着心，传递更多的快乐。

陪孩子一起去游乐场或图书馆。

陪家人一起做顿晚餐。

陪爱人一起看场电影。

我一直都致力于将乐恩打造成一个有温度的企业,它不仅能让平凡的人生丰富多彩,也能让平凡的人生发光、发热。当乐恩决定带领一群想筑梦的人,共同为一个目标而努力奋斗的时候,需要"休息日"这样的企业文化关怀,来赋予她们新的能量支撑,那就是家庭"爱"的力量。

首创行业"微商休息日"的意义在于,很多微商宝妈当初为了孩子和家庭,渐渐失去了自我,忽略了自己内心的声音和感受。但今天,我们在追逐自我成长和个人价值的时候,也不要忘了家庭需要我们,不要忘了孩子的成长和父母的陪伴,不要忘了我们努力奋斗的终极意义是什么。

当我们一直处于忙碌的状态时,也很容易迷茫,也会迷失。可如果你连当下都过不好,那么你根本不会知道你的未来在哪。所以,人一定要活在当下,不要一开始为梦想而忙,忙到最后,却忘记了梦想。我们始终要记得,我们努力拼搏是为了获取更多的人生自由,而不是在物质中逐渐迷失真正向往的生活。

"微商休息日"的创立,不仅仅是简单地追求形式上的仪式感,而是给更多的代理播下了一颗充满正能量的种子,携手家庭,共筑梦想,学会体验生活,不给人生留下遗憾。当代理们渐渐成长,想起家庭成员彼此间那些共同参与的瞬间,快乐、幸福的记忆就会被唤醒,他们也会更加感恩。

其实,我更希望乐恩的"微商休息日"不仅是一种对员工的关怀

第 4 章　以爱之名，打造微商行业最有温度的企业

文化，而且还能变成社会的一种主流趋势。

在休息日，乐恩的家人们都放下了手机。家人、朋友都感慨："你终于不再抱着手机了。"是的，已经有好些日子都没有这样彻底放松了，每个群都写了禁言，仿佛整个世界一下子都安静了，他们也都颇有感慨。

"昨天是乐恩首个'微商休息日'。说实话，刚开始真有一点不习惯，手机被拿起又被放下，最后索性就把它远远地放到了一边，开始陪家人看电视，聊了聊家常，这种感觉真的好棒，从事微商这么多年，从来没有这么惬意过。有工作，也要有生活，乐恩的'微商休息日'让我明白了自己努力拼搏的意义。"

"昨天的'微商休息日'让我感到前所未有的轻松，回老家陪父母吃了一顿晚饭，把他们都高兴坏了。见我没有捧着手机，晚上妈妈拉着我的手说了好久的话，那一刻，我才觉得自己是孝顺的。从事微商以来，总是会时刻捧着手机，哪怕是与父母吃饭时也生怕漏掉客户的信息，随着工作越来越忙，便也少了跟他们一起吃饭的时间，在不知不觉中开始少了交流，疏于对他们的陪伴。所以由衷感谢乐恩的'微商休息日'，让我清醒认识到这一点，以后我会找机会多陪陪父母。"

"晚上吃完饭，先生说要带儿子去看电影，并对儿子说'妈妈今天也可以陪你'，儿子一脸诧异，跑过来问我，妈妈，你今晚有时间吗？我点了点头，只见儿子高兴地跳了起来并大声喊'太好了，太好了'。说实话，这一幕让我内心感到一阵酸楚，平时由于忙工作几乎很少单纯陪孩子看场电影，可就是如此简单的陪伴，就能让他高兴成这样。可见，作为母亲我平常有些失职。随着工作日渐繁忙，我似乎忘记了曾经出发的初衷，忘记感受幸福真实的滋味。感谢乐恩的'微商休息日'，让

我记起了出发的初衷。"

"这一天中，每一步我都走得格外悠闲与闲适，与家人相处的点滴幸福，更让我深刻体会到了奋斗的价值和意义，而这又让我对未来的生活、事业有了更多的期待。"

……

乐恩的员工在"微商休息日"收获了满满的爱和动力。我们也可以选择做一个有温度的财富创造者。

第 5 章

打破行业旧格局，实现微商『重生』

过度依赖风口，而背离企业经营的本质是传统微商行业的通病。所以，当风口发生偏转时，很多企业都面临绝境。微商从迅速崛起，历经巅峰，到走向衰落，成为大多数人口中的昨日黄花，是野蛮生长下的自取灭亡。改进传统微商行业的弊端，规范化、专业化、平台化、品牌化是时代所驱，也是微商企业重生并坚韧生长的唯一路径。

第 5 章 打破行业旧格局，实现微商"重生"

5.1 传统微商行业的痛点

自我 2014 年成为代理进入微商行业，到 2017 年年底离开公司，从微商最早兴起到衰落，我见证了整个微商行业的发展，也因身在其中，洞见了整个微商行业的痛点。

微商行业到底有哪些痛点？我们还需借助其发展的各个阶段，层层剥开。

从 2013 年至 2017 年，我们可以大致将微商的发展分为三个阶段，分别为：粗放发展期、巅峰期、洗牌期。我也将 2017 年以前这段时期的微商行业称为传统微商行业。

2013 年至 2014 年，可以称之为微商粗放发展的阶段。那时，微商是一件十分新奇的事物，几乎没有任何门槛，只要一部手机，能放下面子，便可以赚钱。那个风口，是时代赠予第一批敢于吃螃蟹的人的礼物。在这个行业里，人人机会均等，没有太多规则和时间限制，市场空间也很大，因此，很多人在当时靠刷朋友圈便能轻而易举地赚钱，每天都有太多草根阶层走向了财富人生。

君子爱财，取之有道，若不懂得分寸和度，那么时代给予的可能是礼物，也有可能是恶果。越来越多的人趋之若鹜，也为微商的发展埋下了重重隐患。正如某宝的爆发期一样，只有消费者想不到，没有消费者买不到的商品。可五花八门的商品也孕育了一个不健康的生态链：产品没有保证，商家没有信誉……当时的微商亦是如此，虽然暂时被层层利益包裹，未显露危险，但蛰伏的危险正在悄然中蓄势。

2015年至2016年前后，是微商发展的巅峰期。微商也从最初一种个人行为，发展为一种企业经营模式。行业中很多人开始组建团队，或创设公司来运营。因此，各种招商制度开始推行，加速团队裂变，一片热闹非凡的景象。

这种商业模式的本质无可厚非，但却因为一些利益至上的人让其在实际发展中变了"味"，从共同创业变成通过代理的层级制度圈钱。依靠不好的产品和一套模式形成了金字塔之势，这也使得许多短视之人近乎疯狂，他们相信只要越靠近金字塔的顶端，便可以依靠团队的力量赚得盆满钵满，因此也极力壮大自己的队伍，竭力创造销售数据。虽然创造了一场场狂欢盛宴，可也因未关注到商业发展的本质而留下了恶果。

2017年左右，可以被称为微商发展的洗牌期。曾经被虚妄捧得有多高，摔得就有多疼。许多积压已久的问题随着风口的消逝，最终暴露无遗。通过以往的微商模式赚钱的机会越来越小，客户越来越少，路也越走越窄，这时存活下来的企业十分不易。产品质量问题，信誉问题，团队问题等一时让微商行业从兴起以来发生了翻天覆地的变化，微商正在面临一轮洗牌，留下的是那些始终秉持初心，并善于不断反思总结的企业。

而这也推动微商在2017年之后，进入一个有序的发展阶段，开始走向规范化、专业化、平台化、品牌化。

其实，从微商发展的各个阶段我们都可以发现，虽然微商发展模式具备许多优势，但却因为处于风口和短时间内的财富效应蒙蔽了很多企业的双眼，背离了企业经营的本质，而这也是微商行业的痛点所在。

其一，缺乏品牌效应，产品质量无法保证。

在那个野蛮生长的年代，整个微商行业就像是一具虚有其表的外壳，不断用广告和营销方式把外表包装得光鲜亮丽，而真正的内核——产品，却完全被忽视，甚至频频被爆出各种问题：三无产品、质量问题、小作坊生产等，整个市场鱼龙混杂。

很多企业也在微商快速发展的时期因为产品生产无法跟上前端销售的步伐，进而在利益的驱使下，缩短了产品的生产周期，致使很多不成熟的产品面世，毁坏了微商的口碑。

其二，售后及服务缺乏保障。

在传统微商行业里，代理习惯了招商就卖货的模式，并没有意识到一定要掌握专业产品知识，他们基本上都是在销售方面不断地去拓展，在服务消费者这一块却存在很大的漏洞。因此，大多数企业都是做一次性生意，鲜有人认识到售后及服务的重要性。产品离手就意味着最终目的的达成，整个销售过程的终止。当客户之后寻求产品交易之外的服务时，一些人置之不理。甚至面对客户不好的反馈时，一些人直接将客户拉黑，这必然会制约自身的发展，也使得微商失去了信誉，让消费者对其失去了信心。

其三，缺乏人才培养。

传统微商行业凭借线上模式大展拳脚，通过朋友圈便可以经营生意的方式，打破了传统企业经营的门槛，大大简化了企业经营的流程，为千万创业者提供了便捷。可长期以来，微商行业完全忽视了对代理的培养。

微商代理职业素养低，销售技巧及专业能力欠缺，不重视产品专业知识，他们完全凭借着层级代理模式及暴力刷屏的方式获取收入。显然，从代理及企业自身发展而言，这都并非长远之计。

从以上三点不难看出，要想微商企业得以长远发展，改进传统微商行业的弊端，规范化、专业化、平台化、品牌化是时代所驱。建立自己的工厂，成立实体店，打造自己的品牌，也是微商行业未来发展的方向。

简单来说，从产品、服务、人才培养这三方面升级，重塑微商业态结构和生态圈，是微商企业重生并坚韧生长的唯一路径。

看清前路，我有了清晰的方向。这也是我成立乐恩集团的初心，决定走微商企业化、平台化、品牌化之路。乐恩将打破微商行业旧格局，重视产品、重视品牌、重视运营，实现"重生"。

5.2 产品研发升级，超越消费者期待

经历了时间的洗礼，微商逐渐走入了一个更加规范的"心"商品时代。在这个时代，我们要打造"走心"的商品，用以消费者为中心的态度，去创造新的需求。只有这样，才有长远的立足之地。

2018年2月11日，乐恩控股有限公司在厦门成立。乐恩决定投入健康产业，开始做产品研发。

这是一个十分艰难的过程，一切都是从零开始。虽然我们致力于打造最优质的产品，但如何与最顶级的科研团队及食品厂达成合作，到底该采用哪些原料、选择哪些高品质的原料厂家都需要我们一一探索和确认。

在打造第一款产品小怪瘦牛蒡营养奶昔时，乐恩致力于更好的功效和品质。一方面，乐恩升级了原配方中的一些成分，通过甄选，全

部采用国际顶尖的一些原料；另一方面，我们在其中添加了牛蒡的成分，特别打造一款专门针对中国人体质的减肥产品。

牛蒡是奶昔的主要原料，因此乐恩对于牛蒡本身的质量把控也十分严格。

从牛蒡产地出发，乐恩选择世界优质的牛蒡种植基地。得天独厚的气候条件，以及砂质的土壤让牛蒡富含人体所需的微量元素，保证了牛蒡的有效成分和营养价值。

在种植期间，严格采用标准化管理，保证有机种植，达到绿色无污染。在牛蒡生长地，方圆百里保证无工业污染，在其成长的各个阶段不打农药，不施化肥，真正从源头保证牛蒡的安全健康、天然纯净。

在牛蒡的挑选上做到工艺标准化。选料过程采用机器自动分拣和人工二次巡检，精选长度75厘米以上，表皮光滑、无毛根、无分叉的牛蒡。

另外，因为考虑到产品的口感，我们致力于研发一种受大众喜爱的营养奶昔。

在研发过程中，我们经过了无数次实验，从功效到口感，一遍遍不断尝试、调整，最后小怪瘦牛蒡营养奶昔诞生。在之后的过程中，我们也根据消费者的反馈，不断作出调整，进一步优化产品。

严格把控品质，对消费者负责，是我们一以贯之的初心。我们成立品牌的初心以及经营理念在实际行动中不断被传播、被认可，越来越多的人也因为乐恩开始重新认识微商，刷新对微商行业的认知。

缘起于牛蒡，立足于牛蒡，深耕于牛蒡，乐恩一直倡导一种健康时尚、积极向上的生活方式。

除了小怪瘦牛蒡营养奶昔，乐恩之后也研发并推出了牛蒡茶。乐恩通过牛蒡茶想向大众传递一种全新健康的理念，让人们在茶里喝出健康，感受新生力量。

当时刚好得知前公司放弃了牛蒡茶，于是我便可以更好地做这款产品。乐恩牛蒡茶从原料筛选、切取到烘焙，制作工艺十分考究，因为其中的每一个步骤，最终都决定了牛蒡茶能否发挥最大的价值和功效。

牛蒡的哪一段才是营养及药用价值最高的部分？哪种形态更易于被泡水饮用，切片还是保留整段？如何切片才能保证每片营养集中均匀？如何烘焙才能在保证营养及药用价值留存的同时，又能保证色泽、口感？这些都大有学问。

我们进入徐州的牛蒡茶工厂对相关知识进行了系统的学习，不仅要做到知其然，更要知其所以然，这样才能知道如何在原有的每一道工艺上继续精进、优化和升级。

乐恩不断推陈出新，历经整整两年时间，小怪瘦胶原蛋白肽诞生了，而其背后源于一个浪漫而美丽的故事。

小怪瘦品牌诞生于美丽的海滨城市厦门，这座城市精致的生活态度影响着很多人。比如这里的主妇们逛完八市海鲜市场后通常会再买束鲜花带回家；每家每户，几乎都有一套茶盘，杯子小巧精致，必须平心静气，细品慢饮；走在鼓浪屿小岛，时常会听到悠扬的琴声从幽静院落飘出；街头巷尾总会遇见年轻人开的文艺小店，里面藏着这座城市的无限趣味。而厦门的女性似乎因为这里的水土有着天生的优势，一口绵绵之音，伴着海风的温柔，可以暖化人心。

这是我对厦门这座城市最直观的感受，也是这种浪漫美丽的生活方式影响着我对品牌的情怀，我想让乐恩小怪瘦品牌辐射更多的女性，传递积极健康的生活理念。

因为在你看不到的地方，依然有很多女性，他们一辈子为家庭奉献，她们愿意把最好的留给先生、孩子，却不愿意在自己身上多花一分钱。

所以，小怪瘦胶原蛋白肽的研发初心，就是希望用一流的品质、平民级的价格，为这些无私的女性服务，告诉她们在关爱家庭的同时也不要忘记爱自己。

为了践行初心，保障产品的最优品质，小怪瘦历时整整两年，从日本北海道、西西里火山提取最珍贵的原料，再拿到法国南部有着百年历史的胶原蛋白肽工厂生产，不添加激素和防腐剂，不加过多的人工干预，成就了小怪瘦胶原蛋白肽。

乐恩合作伙伴仙乐健康销售经理袁江海先生对我说，因为自己公司是做药出身，所以在产品的打磨上非常严谨。之所以选择与乐恩这样一个年轻的公司进行合作，其实在多次考察中也是被乐恩的经营理念，尤其是对细节的极致追求所打动，因为这与自己公司对客户严格的要求和筛选是吻合的。对于一个微商企业来说，通常产品的切换速度十分快，因为他们没有长远的眼光或实力去打磨产品。但乐恩单纯做一个产品，从无到有经历较长的周期，这些完全体现了乐恩对于产品的责任所在。

这是小怪瘦走遍全世界后送给全世界女性的礼物，它用匠心守护每一位女性的自信与魅力。小怪瘦胶原蛋白肽一经问世就受到了广大消费者的喜爱。

从小怪瘦牛蒡营养奶昔到牛蒡茶，再到小怪瘦胶原蛋白肽，从最严格的原料挑选，到独特的生产技术，到最严格的监管生产过程，乐恩致力于成为健康产业的生态链标杆企业。

从无到有，不断超越消费者期待，乐恩一路也收获了无数认可、赞誉。

2020年，我们成立了牛蒡专属实验室，接受央广健康节目的专访，胶原蛋白肽被评为"全国营养健康大会十大先锋产品"，我们也被评为"中国保健协会制定产品战略合作单位"。

以初心致匠心，用心缔造有温度的商品，让消费者也能感受到我们的热忱之心和情怀，始终是乐恩不变的信念。

5.3 服务传递爱意，解决一切难题

过去几年做微商，大家习惯了招商就卖货的模式，并没有意识到一定要掌握很强的专业产品知识，企业基本上都是在销售方面不断地去拓展，在服务消费者这一块却存在很大的漏洞。

但今天的微商已和传统微商大相径庭，想要经营好微商企业，除了保证优质的产品，亟需代理拥有较强的专业能力，以及良好的售后配套服务。

2018年，在品牌成立不到半年的时间，我们遭遇了一个巨大的瓶颈。当我们的渠道把第一批货全部卖完之后，客户竟然没有复购，也没有转介绍。换言之，在销售完第一批货物之后，便没有了新的业绩。

那时，很多人开始向我反馈："这个产品已经卖得差不多了，我们要出新品，因为这些消费者购买完就没有市场了。"真的是这样吗？我

不以为然。因为通过观察就会发现，很多大品牌也只聚焦于某一领域，他们却能基业长青、屹立不倒，而我们才经营短短半年时间，怎么可能就缺乏市场了？

一直以来我都是一个目标感很强的人，要么不做，做就要做到极致，想让我稀里糊涂地就此放弃这个品牌，我心有不甘。于是，带着这种韧劲，我开始寻找原因。

我开始从全国各地走近线下终端的经销商，因为他们才是真正卖货的人，直接面对消费者，更能从源头上找出问题。在他们服务消费者的过程中，我发现了一件特别重要的事情，微商售后服务所占的比重是非常大的，而这正好也是我们有所缺失的地方，或者说这是整个传统行业的一个通病。

明白这一点，从线下回来，乐恩主要致力于丰富代理的专业产品知识，构建优质的售后服务体系。

从专业的角度来看，由最初的减脂、塑形到最后的巩固需要在一定的时间段内才能完成，而当时因为代理不具备专业系统的产品知识及售后服务能力，往往只达到了第一阶段——销售产品，帮助客户减脂，却远远未能触及第二阶段的塑型和第三阶段的巩固，这便限制了消费者复购，也限制了乐恩的经营发展。

于是，乐恩减脂营应运而生。减脂营的成立旨在提高代理的产品专业能力及售后服务能力。乐恩通过系统的培训课程给每一位代理普及专业的产品知识，并不断升级和完善相关配套服务体系。如搭建营养师体系，通过赋能经销商，培养专业的营养师，使其为消费者提供专业的营养方案和服务方式，将产品更好地融入消费者的生活中。

同时，成立小怪瘦健康美学研究院，研发专业教材，创办小怪瘦专业内刊，普及健康、营养的系统知识。我们不是单纯地让代理指导消费者如何吃这个产品，而是让他们弄懂肥胖形成的原因，通过他们对完整减肥知识体系的学习和了解，再来对消费者做有针对性的指导。

为了更好地保证学员的学习质量，我们对他们进行了专业能力评估，对学员日常的实操内容进行追踪及确认；定期邀请知名营养讲师研讨市场需求及变化，优化课程研讨，了解消费者的需求。

现在的乐恩人已经完全不局限于销售产品，我们正在用扎实的专业知识为消费者量身定制健康的生活方案。

聚星团队的陈卓说，原来不学习时只知道提醒客户按时吃饭、喝水等，只能做一些最基本的提醒服务，但真正去学习以后才发现，健康管理实在太重要了。通过学习，她了解了人体三大功能，明白了减脂原理，从基础营养学中掌握了一日三餐如何搭配……她还学会如何调理一些慢性病，知晓在调理过程中会出现哪些症状，如何改善这些症状，以及一些应急方案。

真善美团队的肖丽说："通过系统学习之后，我们变得更有能力，能够帮助到更多需要我们帮助的人，我们能帮助他们摆脱肥胖的困扰，摆脱亚健康的困扰，帮助他们绽放自信美好的人生。"

除陈卓、肖丽以外，还有许多通过专业培训的营养师，通过乐恩的不断赋能，他们更加笃定了心中的信念，深知专业团队的重要性，也深知所有好的产品都需要依靠过硬的专业知识和优质服务的支撑方可走得长远。

同时，为了更好地监测消费者身体的各项指标，乐恩采用大数据技术进行相关监测。我们会给所有的减脂消费者配备体脂称，通过体脂称后台反馈的数据，实时监测客户身体的各项指标，如含水量、肌肉含量、脂肪含量等，反馈身体状况，及时帮助消费者调整、优化饮食结构。

乐恩率先搭建的服务体系也收获了消费者的一致好评。很多消费者反馈，虽然只是购买一款产品，但乐恩的服务却让他们真实感受到了一个微商企业的情怀和温度。乐恩服务体系的搭建摆脱了传统微商企业把路越走越窄的局面，拓宽了企业的经营领域。

从最初的代理到自己成立个人品牌，从跟随者到开拓者，这一路走来我更加清楚消费者到底想要什么。我们绝不止于销售一款产品，我们在行业内致力于为消费者提供一种全新的健康的生活方式。

乐恩致力于用行业领先的培育体系，支撑起专业的售后服务，用优质的产品、专业的服务，打造品牌核心竞争力。

5.4 赋能代理，激发团队活力

长久以来，大多数微商企业盲目追求销售数据，只关注代理的拿货数量，营造了微商虚假繁荣的景象。但泡沫背后，代理缺乏真才实干，在这种状态下无论是对个人还是企业的长远发展都是非常不利的。

要知道，微商与其他行业相比，在员工构成上还具有特殊性。微商行业进入门槛低，包容性极强，即使你是待业几年毫无工作经验的宝妈，抑或是没有任何学历背景的工人，只要有一部手机，不论你普通话是否标准，思维是否开阔，是否具备销售能力，都有机会成为代理。

而这其实也对微商企业提出了更高的要求：微商企业必须花费更大的精力赋能、培养代理，这样才能激发团队的活力，真正发挥微商行业发展的优势，否则仅仅依靠风口和市场初期的红利是很难走得长远的。

因此，乐恩成立初期便十分注重为代理赋能，真正帮助员工从销售技能提升到个人职业发展以及整个人生的发展，做一份完整的规划。

也就是说，企业在员工发展过程中除了要扮演赋能者的角色，更应该践行规划者的责任，为每一个员工量身定制一份属于他们的成长方案，让他们在不同阶段都能真正得到成长，真正实现个人价值与企业价值的统一。

乐恩在发展中不断完善、优化，为代理量身打造了一套成长方案："7A 蝶变系统"。如图 5-1 所示为乐恩 7A 蝶变系统。

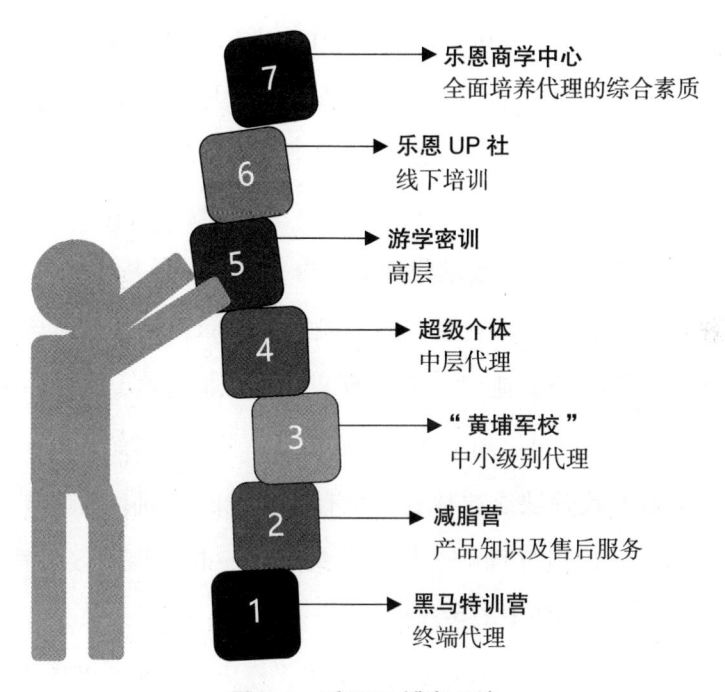

图5-1 乐恩7A蝶变系统

7A 蝶变系统，顾名思义包含七个分支——黑马特训营、减脂营、"黄埔军校"、超级个体、游学密训、乐恩 UP 社、乐恩商学中心。A 则代表通过持续不断的精进优化，使系统始终保持在最好的状态。

7A蝶变系统并非一蹴而就，而是在不断摸索、学习中成型，并在实战中真正提升了代理的能力，进而帮助企业解决了发展中所面临的各种问题（其中，减脂营在前文中已经阐述，在此节内容中便不再赘述）。

终端代理销售能力十分欠缺是微商行业长期发展的一大痛点。

终端代理不具备相当的销售能力，使得产品最终无法真正触及更多的消费者，即使企业创造了再好的销售数据也是枉然，这种状态最终会导致整个微商生态链断裂，影响整个企业的发展。

因此，为了从根本上解决问题，我们首先从终端动销做起。我带着北京的团队，第一次建立了线上特训营，培训时长为七天，取名为黑马特训营。

黑马特训营旨在培训终端代理的销售技能。以最基本的内容为主，包括素材选取，提醒代理在哪些时间段发朋友圈，以及具体该以什么样的形式发布等，帮助他们从零开始，打好专业基础。同时，为了活学活用，我们也在群里增加了一些比拼活动，调动代理销售的积极性。

过去，微商代理缺乏这种统一且有针对性的培训，呈现出一种比较散的状态，所以通过特训营把他们集中在一起培训的效果特别好，各团队、各成员间的能量都被激发了。

不过，也有一些代理不愿意投入其中，经历过一次性出货几百箱的巅峰时刻，此时的终端动销在他们眼里是小打小闹，既辛苦又不能赚钱。

可如果微商要革除曾经发展过程中的弊端，实现真正的重生，就必须摒除曾经那套毫无章法的野蛮打法，一步一个脚印踏踏实实地向前走，不断提高代理的专业能力。

我们坚定了方向，黑马特训营每月都如期展开。渐渐地，通过这种培训，团队每月都取得了一些成绩，这样也使得之前不愿意做出改变的人，开始转变态度，愿意做这件事情。同时通过黑马特训营，也注入了很多新鲜血液。

为了保证每月新进的代理都能迅速入门，掌握销售经验及技巧，黑马特训营最终的培训频率也固定在每个月一次。

黑马特训营旨在培养终端代理的销售技巧，让更多的产品能真正到达消费者手中，进而打通整个产品的流通渠道。黑马特训营主要通过提高终端代理的能力，从根本上解决终端产品积压问题，帮助疏通各渠道并打造完善的微商生态链。

各渠道和终端的疏通起到了"牵一发而动全身"的效果，激活了整个微商生态系统，给予了各层级代理信心，也帮乐恩度过了发展中面临的许多艰难时期。

好的销售技巧，搭配优质的售后服务，使得代理从最初卖一盒产品变成卖三盒、一箱……终端的需求量逐渐变大。而销量增大后，我们发现原来的培训系统无法满足当前的需求。比如原来他们只需卖一箱产品，而现在他们需要卖五箱、十箱产品，显然，原有的销售技巧已经无法满足他们的业务需求。

因此，乐恩针对黑马特训营做了一个改进，黑马特训营仍然保留，主要针对一箱的单品，针对五箱及以上的客户，专门研发了一个特训营，后来给它起名为"黄埔军校"，希望通过"黄埔军校"能培养出一批批精英代理。

"黄埔军校"着力打破乐恩人的思维局限，让代理学会思考。同时，其中的活动力度也逐步加大，提高了代理的战斗力。

随着代理能力的不断提高，销售额也越来越大，我们又发现了另一个问题，代理晋升渠道不通畅。

也就是说，在这段时期我们所有的重点都放在动销上，纵使代理的产品卖得好，但他们的级别却都扎堆在中小层级上，这不但不利于企业的长远发展，也不利于个人的职业规划和长远发展。

传统微商行业虽然将重点放在代理的层级制度上而非代理的能力上，但这并不意味着传统微商制度一无是处。至少它让我们深刻领悟到，这种层级制度的设置有一定的积极作用。比如，一个中级代理上升为高级代理，门槛是怎样的，怎样设计既可以保证员工合理的晋升空间，激励其成长，又可以让企业高层占合理比例，这都需要科学完善晋升制度。

同时，对高层进行培训更要注重思维能力的培养。高层是企业设计发展战略和决策的重要力量，他们的眼光、格局、能力，都决定了企业未来的发展方向是否正确，他们与企业是共生共存的状态。所以，在完善晋升机制后，同样要使代理晋级后拥有与之相匹配的能力，能有开阔的视野和格局为企业的发展出谋划策，健全企业制度。

可到底具体什么样的培训形式才能发挥最大的效用，达到最初设定的目的呢？我想到了游学密训。

高层需要特殊的东西去激发他们，也需要仪式感帮他们点燃前行的责任感和使命感。而通过游学加密训的方式，在不同的地域文化中学习新的经济思维，思考未来行业发展的趋势，让高层更好地领悟乐

第 5 章　打破行业旧格局，实现微商"重生"

恩发展的初衷、布局以及未来的战略规划，同时能加强团队的凝聚力，增加他们的责任感和使命感——高层游学密训由此而来。

两天半的密训会议，加上奢华的游艇之行和高级温馨的晚宴，让乐恩来自全国的 80 多位高层紧紧凝聚到了一起。通过这次会议，让他们感受到了乐恩的企业文化和战略目标。很多高层感叹，游学密训帮助自己重新认识了自身所从事的事情，不单纯是一份工作，而且是一份伟大的事业。

自此，乐恩带领高层展开了游学探寻之旅。于优美的自然风光中探索无涯的知识，从不同的角度洞察未来商业发展趋势。因为高层代理相对比较稳定，所以培训频率基本为一年一次。

其实，通过仔细研究我们会发现针对小级别代理，乐恩有黑马特训营；针对小级别以上中层级别以下的代理，我们有"黄埔军校"；针对高层，有高层游学密训。从专业知识和售后技能来说，乐恩通过减脂营赋能代理。但对于中层代理，乐恩却缺乏相应的培养方案。所以通过对中层代理这一层级所需能力的大量研究，乐恩开发了"超级个体"。

中层代理是企业发展的中间力量，能更直接地接触到基层代理，对他们起到更大的影响和领导作用，所以中层代理更需挖掘自身的核心价值，打造个人影响力，这样才能带领小级别代理更好的前行。很多中层代理通过超级个体的学习，也提高了自我认知，对小级别代理起到更好地引领作用。

同时，乐恩线下培训模式——乐恩 UP 社、乐恩商学中心也在逐步建立、完善。这也诠释了乐恩真正想要全方位、全阶段赋能每一个创业者的决心，为千千万乐恩人增添了信心。除了销售技能、专业知识、前沿思维，乐恩更想他们在这里实现方方面面的成长，因为他们的未来就是乐恩的未来。

　　从黑马特训营到乐恩商学中心，我们将这七大系统称为"7A 蝶变系统"，这一系统让每一个乐恩人都能从"小白"实现蜕变，获得真正的成长。这样即使遇见了云谲波诡的环境，它也能成为一股坚韧的力量，为乐恩发展保驾护航。

Chapter 6 第6章

日复一日的坚持，才有扭转乾坤的力量

很多时候，企业经营者致力寻求最先进的经营之道，却忽视了将最稀疏平常的品质作为企业经营管理的理念，比如坚持。将这一品质作为企业经营的原理和原则看似过于单纯，但它正是在任何时候都能看清事物本质、做出正确决策的有效方法。坚持不等于无所作为或一条路走到黑。它是大智慧，既不失正确的方向，又能为企业发展提供源源不断的动力。

6.1　不停止步伐，于危机中寻求转机

2020年突如其来的一场危机，让很多企业一夜间陷入困境，"开工就解散"的故事不断在上演，所有人都陷入了空前的恐慌和焦虑，充分感受到了危机的残酷。

我亦是万千企业中渺小的一员，但我深知焦虑本身是没有任何意义的，作为品牌创始人，在艰难时刻更应该于危机中找寻转机，带领团队好好地走下去。

正如著名企业家宋志平先生曾说："我觉得，领导者就是被捆在桅杆上为整个团队眺望远方的人，虽然会经历风吹浪打，但是永远不能遮掩远望的视线。"

在眺望中我发现了一些机会。

第一，危机突然来临，众多线下企业被迫关停，无法正常营业。

而当线下门店受到影响的时候，越来越多的线下企业会寻求线上发展的渠道。微商本来就是做线上零售出身，如何做好线上系统其实是我们的强项，所以这给予了我们很多机会。

第二，这次危机的来临，也让很多人更加深刻地认识到健康的重要性，养生的意识也不断增强。年老体弱的人免疫力较差，而年轻群体免疫力相对较好，所以这次危机也让更多的人开始关注健康、养生。

同时，在这段特殊时期，人们每天待在家里，又缺乏运动，自然而然就会长胖，因此更多的人对于减脂产品的需求也会更加旺盛。

而乐恩一直致力于大健康产业，专业的产品及高质量的服务能为大众提供健康的生活方式。

总而言之，无论是从我们的经营模式、渠道，还是从深耕的行业领域来看，这次危机都给予了我们机会。

看到这些方向，在2020年大年初六，我组织了一场直播。

组织直播的目的有两个：一是稳住大家的心；二是让大家看到方向和希望，并知道自己在这段期间应该干什么，而不要去关注太多负面或自己无法掌控的事情。因为在那段特殊时期，很多人都不同程度地受到了影响。

起初，我只是准备开一场团队内部的直播会议，并没有想过对外。可当时却有一个代理问："这个直播我可以邀请一些外面的人来听吗？"我想了想，好像也没什么不妥，便同意了。

万万没有想到，那场直播原本只预计一个小时的时长，而我们有一个团队居然邀请了500多个人，其中一个团队就开了10个群，然后他们都向我反馈："你不能这么快就下线，我们邀请了很多实体店的老

第 6 章　日复一日的坚持，才有扭转乾坤的力量

板，他们都想听听你是如何认知这场危机的。同时，你还得给他们解读一下我们的商业模式，因为他们都想了解并想实地考察。"

所以，那天原本只是准备讲危机之下我们的转机在哪里，但我最后又被迫讲了如何认识微商这个行业，以及乐恩发展的历程。

那场直播足足开了两个小时，效果和反响十分好。可那天直播结束，我却失眠了。我一直在思考，如此多实体店老板关注到我们，其实是一个巨大的机会。

这次直播虽然打动了一些老板，让他们更加认同我们，但并不意味着他们会立马加入我们，所以又一个念头油然而生，我需要帮代理做二次转化。

没过几天，我便通知代理，做第二次直播。第一次直播算不上正式的直播，很多实体店老板都只是在群里听转播，所以第二次，我打算做一个真正意义上的现场直播，专门跟这些老板面对面沟通、交流，因为面对面的信任度和在群里听转播是完全不一样的。

我根据第一次所讲的那些内容做了一下详细的整理，包括将实体店老板可能想了解或感兴趣的地方又重新梳理了一遍。第二次直播整整开了三个小时，效果非常好。

2020年上半年，我们帮助很多实体店的老板减少了非常多的损失。因为那段时期他们的门店不能开，可一部分人员工资、房租却要照付，这意味着线下的这部分开支全部都是硬亏损。但是他们通过乐恩的产品，在线上帮助和服务自己的客户，很好地完成了二次资源的裂变，在线上取得了不错的收入，继而弥补了线下的亏损。

所以，在2020年下半年，很多中小企业的老板顺理成章地走进了

乐恩，之后又升级成为我们最高级别的代理。

在2020年这一年里，虽然遭遇了挫折，但乐恩找寻到了新的转机，发生了逆袭。经过两次直播之后，团队没有再次迷茫，反而找到了方向，明白自己该做什么，自此坚定地前行。

这一年也给了我更多的思考和启发。

作为企业，若不能直面挑战，在危机中找寻转机，以变革适应新环境，必然会走向穷途末路。良好的客观条件必然有利于企业的发展，但毋庸置疑，没有长盛不衰的利好环境，企业更应该懂得如何在危机中坚定信念，不停止前进的步伐。

于危机中，我们要始终坚持不变的信念——成为优秀的企业。

创业企业在风和日丽时漫山遍野，当环境骤变时就会成片衰落，似乎这是亘古不变的定律。可我们总会发现，无论如何总是会有一批优秀的企业一路披荆斩棘，最终成为行业龙头。这也告诉我们一个道理，在任何条件下我们都必须做到最好，这也应该是我们永远坚持不变的信念。正所谓，大浪淘沙，"剩"者为王。这要求我们无论在任何时刻都不能停止前进的步伐。

越是在别人煎熬、松懈的时候，越是我们超越的机会。只有行动起来，才能赢得转机。我们要随时洞察客户的需求，超越客户的期待，抓紧在这段时间完善产品，打磨好销售工具，解决好客户的现有需求，创造客户的潜在需求，我们没有任何松懈的理由。

我们要做战略和文化的复盘与梳理，不断提高团队学习力和领导力。

不寻求改变，就意味着面临困境，可倘若盲目革新，不适应时代的需求和自身发展的规律，不但无法助力企业发展，甚至有可能会加速企业的灭亡。

所以，这时复盘和梳理企业战略和文化就显得尤为重要。团队成员对公司的愿景、发展目标和路线的认识一致吗？清晰吗？大家认同我们当前的产品战略吗？在愈发艰难的时刻，企业的使命、愿景、价值观以及战略就显得格外重要，因为只有清晰的战略目标、远大的使命愿景及价值观，才能在迷茫的征途中，给自己和团队点一盏明灯，照亮自己，也照亮脚下的路。

抓住时机，寻求企业转型和升级。

危机和转机永远都是并存的。很多企业会在危机中倒下，也有很多企业会在危机中乘风破浪，拔地而起。企业在危机时刻不能停止步伐，要善于抓住时机，寻求转型和升级，这样才有可能突出重围，涅槃重生。

时代对于每一个创业者和企业都是公平的，是逆风而起还是随风而逝，取决于企业如何作为。

6.2 昨日的坚持，积聚今日的光

经历 2020 年突如其来的危机之后，社交新零售模式崛起，有非常多的企业，通过打造社交新零售模式突破了企业发展中的困境，短时间内打了翻身仗，在逆境中实现了发展。

于是，身边越来越多的企业老板开始向我了解微商的发展及经营模式，我感到十分欣喜，因为这些年来所做的努力没有白费。

也许很多人会开始疑惑，社交新零售与微商有何关系？那么，首先我们需要清楚何为社交新零售？

简单概括，社交新零售是一种新的商业模式，即企业通过创建一个共创共赢的平台，吸纳对平台项目感兴趣的创业者，通过对他们进行培训，让创业者之间产生更持久的裂变，从而实现项目销售渠道的裂变，最终通过这个渠道销售产品。

第6章 日复一日的坚持，才有扭转乾坤的力量

了解社交新零售的概念，相信大多数人就会豁然开朗，原来所谓的社交新零售实则是从微商的经营模式演变而来。

或许又会有人问，那么社交新零售与微商存在区别吗？它们的区别在哪？

社交新零售的运营体系是传统微商所不能及的，传统微商模式过度依靠招商，并未真正给代理赋能，也没有着眼于整个运营体系，考虑代理能否在其中得到长远的发展。而社交新零售的运营模式系统化、完备化，它有完整的培训体系、管理体系，产品体系、引流体系等，各体系相互协调运转，使得创业者能在平台上得到可持续发展。

所以，我们可以认为革除传统微商行业发展中的弊端，实现企业化、平台化、品牌化，真正为代理赋能，关注代理及平台的长远发展的新微商发展模式是最好的社交新零售模式之一。这也是很多实体企业开始关注微商运营及其发展模式的原因。

在很长一段时间里，微商一直不被看好，甚至饱受诟病，但这并不意味着微商行业及模式没有前景和未来。乐恩洞察了传统微商行业的痛点，把握未来微商行业发展的方向和趋势，自2018年成立以来，致力于打造共创共赢的平台，坚持为团队赋能，实现企业可持续发展。一直以来，乐恩都在坚持做自己认为正确且有价值的事。

在乐恩成立之初，我对自己的团队说："我们一定要好好打造渠道，未来我们将会是很多企业都想要的资源和平台。"如今，曾经坚信的目标正在一点点实现。

社交新零售的崛起，使得越来越多的企业家开始重新正视微商，挖掘其发展中所具备的得天独厚的优势。

微商被国家正名。

2020年7月15日，微商得到了国家的正名。国家发展和改革委员会颁布了新的意见通知，对微商做了重新定义——微商电商。这意味着，国家肯定微商的存在，并且支持微商的发展！念念不忘，必有回响，对于微商人来说这是一个值得铭记的日子，具有跨时代的意义。

流量红利消失，私域流量的优势愈发凸显。

罗振宇曾说："曾经的互联网，那是一个伊甸园的时代。到处是飞禽走兽，到处是食物。大量的人口正在涌入互联网，那个时代用流量思维，也还合理；但随着流量越来越贵，我们不得不走出伊甸园，那种伸伸手就能在树上摘果子的时代，再也不会回来了。"

简而言之，曾经那个依靠人口催生的公域流量的红利已经消失了。

根据中国专业移动互联网商业智能服务平台Quest Mobile发布的《中国移动互联网2019半年大报告》显示，2019年第二季度移动互联网月活用户较上一季度净降193万，这是移动互联网多年发展以来首次出现的现象。

这意味着中国移动互联网人口红利正在接近峰值，单纯依靠人口红利催肥的互联网经济已然失去了风口，自此，更多的人将会转战私域流量的主战场，由增量市场聚焦到存量市场。

通俗地说，最初很多人乘着流量红利的快车，通过不断把盘子做大，以增量赚取收益，而当流量红利消失，我们更要思考，如何把固有的存量，再次盘活、开发。

而带有社交基因的微商，基于信任，更易挖掘到"私域流量"。因为微商的本质实则是对社交关系的一次价值确定，所以私域流量往往更能为大家接受，这也是为什么微商能适应这个时代的原因。

虽然微商在挖掘私域流量上具备一定的基础和优势，但因为大多数人对其存在很大误解和偏见，所以使得很多人并没有很好地运用和发挥这一优势，这也是多年以来微商行业一直不被看好的原因。

很多人会认为，做微商就是发朋友圈，等着别人来买东西。但其实，他们却没有发现，要想建立私域流量，首先要打造个人品牌。

比如说，在生活中你是个美妆达人，有很多化妆品，你不用推荐，身边的朋友也会让你分享，然后去购买。如果你平时谈吐睿智，那么你推荐的书，才会有更多的人去看。如何建立私域流量？首先你要打造个人品牌，这样每个产品才会有温度，才会有情感溢价。

当微商真正实现企业化、平台化、品牌化之后，其行业发展的优势也愈发凸显。

城镇化水平不断提高，流量市场不断下沉。

随着时代的不断发展，城镇化水平逐渐提高，也为微商的发展带来了天时地利。

微商自发展以来，主要消费群体便集中在三四线城市，而这实则拥有广阔的消费市场。虽然一二线城市经济发展迅速，但城市总人口所占全国总人口比重不高，而三四线城市人口所占比重却很大。

也就是说，三四线城市消费市场巨大，红利巨大。一方面，随着城镇化水平的不断提高，三四线城市的人们，由于工作相对稳定，生活压力较小，对于社交的需求更旺盛；另一方面，三四线城市的消费群体对奢侈品品牌倾向度更低，更愿意选择性价比高的产品。

微商得到国家正名，私域流量优势凸显，城镇化水平不断提高，流量下沉，微商将朝着更广阔的市场前进。

那么，企业又该如何结合微商行业的优势，突破困境，实现发展呢？微商可以跟实体门店结合。

从我们自身而言，我们可以帮助实体门店去更好地开发店铺的人脉，包括做二次开发。我们可以完全发挥自己线上的优势，做他们强大的后台系统，既能帮助他们去服务消费者，又可以帮助他们去赋能经销商。

通过销售我们的产品，实则也帮助他们整合了资源，改变了之前单打独斗的状态，将过去竞争对手的资源变成他们自己的资源。之前他们拥有的很多人脉与他们也许是竞争关系，但在我们这款产品上他们就变成了合作关系。

而对于其他微商来说，与门店结合也是一个好的机会。大多数微商品牌并没有像我们一样具有自己的产品链，仅仅是抓住了风口，遇到了一两款产品就开始招商销售，但其实他们是缺乏较强的经营能力和管理能力的，所以后续当风口消失，他们的业绩便持续不断地下滑。而反观传统品牌，虽然他们在前端的营销裂变能力没有微商这么快，但他们在后端的整个经营管理能力却远超很多线上企业。

所以，完全可以做这样的结合，微商在前端打头阵，快速的资源和流量裂变进来后，很多传统公司可以利用他们经营组织优势来帮助实现后端赋能，这样充分发挥各自的优势，实现最大程度的共赢。

不单单对乐恩而言，从整个行业来看，把握住机遇，微商发展就大有可为。社交新零售的崛起，使得微商以一种全新的身份重新进入大众的视野，再绽光芒，而这一切都源于企业日复一日的坚持。

6.3 顶尖高手，都是长期主义者

这次危机也引发了我深刻的思考，自乐恩2018年成立以来，一直坚持在做自己认为正确且有价值的事。我们作为传统微商行业的破局者，迈入微商发展新阶段的先行者，虽然一路历经艰辛，不被看好，甚至饱受质疑，但终于寻得柳暗花明又一村。

十分幸运，乐恩一路以来摒弃短视，甘于沉寂，不断扎根，所以当机遇来临时有能力牢牢握住它。危机过后，社交新零售作为企业未来发展新模式将微商再次带入大众的视野，而长期以来坚持企业化、平台化、品牌化的乐恩发展模式变得炙手可热。这也告诉企业，选择做长期主义者，当机遇来临时方能凸显优势，实现基业长青。

但在这个"浮躁"的时代，似乎很少有人真正懂这个道理。

随着互联网经济的快速发展，很多网红乘着短视频的红利，一跃而起。一夜成名，瞬间暴富的故事每天都在上演。这种行业声浪掀起了巨大的热潮，让众人趋之若鹜，他们用各种博人眼球的手段急切地想要从中分一杯羹。

可只要你留意观察就会发现，很多曾经站在风口顶端的人，在短时间内却又"销声匿迹"，抑或是从高处狠狠摔下，频频被爆出各种问题，一时声名狼藉，令人唏嘘不已。而只有那些真正注重短视频内容质量，找对方向且长期专注于一件事情的人才能随着时间的积淀不断大放异彩。

为什么他们会有两种截然不同的境遇？其中很重要的原因是：你是否是一个长期主义者，这决定了你能走多远。

对此，我深有体会。

曾经因为整个微商行业的短视、浮躁，让其在风口下呈现出野蛮发展之势，而后随着风口的消逝，终让它陷入了巨大的震荡中，甚至险些跌入"万劫不复"的境地。自此，每一位目光短浅的微商人都在用各式各样的代价为自己曾经的急功近利买单。

那时，很多企业进入微商这个行业都只想乘着红利挣快钱，巨大的蛋糕让它们红了眼，可是企业在快速发展的阶段既是面对机遇，也是经历一场考验，能否秉持初心，不被短期利益所迷惑，决定了它能否把握住机遇，经受住考验，走得了多远。

而很多企业往往都在利益面前止步，很难挣脱出来。于是产品的质量问题、售后服务问题、代理问题成了整个微商行业的痛点，甚至一度让人谈微商色变。

这些经历促使我开始不断学习。通过考察日本的百年企业，我终

第6章 日复一日的坚持，才有扭转乾坤的力量

于找到了方向——要想走得远，我们就要做一个长期主义者。见证了众多企业的快速崛起和轰然倒塌，更加让我笃行长期主义。

那么，到底何为长期主义？

很多人认为长期主义就等于日复一日坚持做某一件事。这一观点乍一听似乎很有道理，但细细品味，你会发现其中存在很大的漏洞。比如说，一位微商十年如一日地向老年群体销售高跟鞋，那么无论他多么坚持，即使坚持到地老天荒，也很难有出色的业绩。也就是说，我们在强调日复一日地坚持做某一件事时，首先要保证所做这件事情方向的正确性。

所以，我所理解的长期主义是指，怀着板凳要坐十年冷的心态，做一件正确且有价值的事。

长期主义是一种价值观。

具备这种价值观的人通常能延迟满足，经过不断沉淀，最后爆发出持久且惊人的力量。

我研究了很多创业成功，并且带领企业走得长久的企业家，我发现他们身上似乎都存在一种普遍的现象。大多数情况下，他们人生中的第一桶金往往来得并没有那么快。可能他们人生中的第一个100万元，是花了三年、五年乃至更久才挣到的；但到了第二个100万元，他可能只需花一年时间就可以挣到；当他挣到第三个100万元时，可能只需要半年；第四个100万元，他可能只需要三个月或一个月，甚至更短。

也就是说，真正的高手是能够熬得过前期财富慢慢积累的过程的。他们经得起沉寂，在长时间内甘于淡泊，专注于提高自己和团队的格

局、能力，踏实地走好脚下的每一步，继而当量变达到一定程度引发质变之后，企业的盈利就会呈倍数增长。

反过来，这些企业家也能正确对待财富、名利，其企业抗风险的能力也极强，因为他们十分清楚，能够不受短期诱惑和繁杂噪声的影响，在不断的价值创造中，为自己和企业牢牢筑起了一道坚固的动态护城河。

反观非长期主义者，却很难正确对待迅速集聚的财富，其企业抗风险的能力也极弱。在我的微商经历中，曾经因为站在时代的风口，短时间内的财富集聚，名声大噪，把我们带到了一个空前的高度，当危险来临时我们摔得格外惨。虽然我们得到了很多，但一切都好比泡影，瞬间幻灭，荡然无存——失去的速度远比我们得到的速度还要快。

简而言之，大多数人其实无法正确面对迅速积累的财富，如一夜暴富，因为他的思维和能力其实是无法匹配这笔财富的，而且还极易被扭曲心态。

比如说，一个人一个月挣了100万元，然后剩下的11个月他都不挣钱，那么这个人的心态就很容易出现问题，他会变得浮躁、短视，只想挣快钱，无法沉淀。在这种状态下，甚至都不需要遭遇低谷，只要遇到一丁点问题，他与企业便会摇摇欲坠。

所以，我们不妨换一种方式，在1月份时挣五万元，2月份时挣六万元，3月份的时候挣七万元，4月份的时候挣九万元……我们用这样的方式让自己和企业慢慢积累成长，最终可能一年也能挣够100万元，但相比于前者，这种方式不会让我们的心态出现问题，因为在这过程中我们有足够的时间去学习积累，去开阔视野，提高认知和能力。

长期主义不但是一种价值观，更是一种方法论。因为除了要相信，

第6章 日复一日的坚持，才有扭转乾坤的力量

要想真正做一个长期复利主义者还需要智慧，需要不断践行。

企业该如何践行这种方法论呢？需要做到以下四个方面。

第一，坚持长期主义要求我们树立远大的目标。

长期主义并不是指短时间内小打小闹，完成某个目标或赚钱就行，而是要有远大的目标，肩负使命。那么何为远大的目标和使命呢？我认为衡量的标准很简单，能否陪伴客户终身成长，不断为其提供价值，创造价值，为整个社会创造一定的价值。也就是说企业家必须先利他，而自私主义者在长远发展中显然已无一席之地。

第二，坚持长期主义意味着没有终局。

如果你要问所谓的"长期"到底指几年，我不得而知，也无法同一而论。因为一些企业取得成功，可能花了3年，一些企业则可能花了10年，甚至30年，乃至更久。况且，商业本身就没有终局，哪怕企业在一定阶段内取得胜利，也并不意味着永久的胜利，所以"长期"无法用固定时间来衡量，唯一确定的是我们始终要做好充足的准备去应对未来各种不确定性。

第三，坚持长期主义要求我们不忘初心，脚踏实地。

从某种程度上来说，这个时代是个容易浮躁的时代，互联网经济下，每秒都会诞生无数风口，每秒都会有人爆红，也正是因为这样很容易让我们被其诱惑，从而忘记或背离当时出发的初心。这时，不忘初心就显得尤为重要，它能及时帮助我们拨正航标。

同时，要想做一个长久的企业，我们必须要付出很多的成本和代价，需要一步一个脚印踏踏实实地走出来。

第四，坚持长期主义要求我们不断精进。

1%的精进看起来也许并不起眼，但一群人的1%加起来将是巨大的能量，再将一群人的不断精进投入到时间的长河中，5年、10年、20年，最终将由量变引起质变。起初也许你看不到任何变化，可一旦积累不断发酵，最终我们将会收获一个奇迹。

所以，当我看清这些后，我便下定决心要做那一部分长期主义者：熬得住现在，才能够去拥有更好的未来，并且是拥有超强抗风险能力的未来。而当你拥有了抗风险的能力，你才谈得上可持续，也才能实现基业长青。

这也促使我思考：自己做的事情到底是不是一件正确且真正有价值的事情，是否存在长期复利，能否拥有未来？我从三个维度进行了深度思考。

首先，从产品出发。牛蒡是一款特别有生命力的产品，我们可以通过不断开发周边产品的方式，建立起一个产品生态链，成立品牌。在这个过程中，就可以不断积累消费者的认可和口碑，让品牌逐渐深入人心，持续发酵。我从产品上看到了坚持长期主义的复利。

其次，我看到人才培养中的复利。一个人认知的积累和能力的提高，会让他的财富得到增长，但这种增长一定是有限的。所以，在这个过程中，我们一定要做人才培养。人才培养的模式就是慢慢从一个人的认知提升、能力提升，变成一群人的认知提升、能力提升，这样便拥有了一个人才组织，实现共同发力。这便是人才组织的复利，这样事业也才能做大。

最后，便是公司发展的长期复利。今天小怪瘦的总部在厦门，但是未来我也希望，随着代理商的不断成长，我们有很多权力和机会是

第 6 章　日复一日的坚持，才有扭转乾坤的力量

可以不断下放的，换言之，它的经营主体也可以不断下放。

当我们在一个城市已经达到一定的规模之后，我们的代理商也具备了相应的企业管理能力和组织能力，他的认知和格局也达到了一定的高度，那么我们就可以在全国范围内开设分公司。

而这对于我们的代理商来说也是长期受益的。只要他不断成长，他的发展就没有天花板，他可以不断朝上走。也许今天，我还只是一个卖货的代理商，只是服务客户，再往上走，我就可以变成一个既能卖货又能招商的代理，再往上走，我不但会卖货招商，还会经营组织，会做管理，再往上，我可能成为一个区域的负责人，持续发展为公司股东。当我们未来开设分公司之后，也能让很多当地的高级经销商成为我们分公司的股东。总之，只要他们具备相应的能力，就有源源不断的机会。

在未来发展中，从产品设计到人才培养，到公司发展，都是在做长期复利的事。所以，我坚定不移地要做一位长期主义者。

这也鞭策我，从产品、人才、公司各方面不断精进，始终保持成长、进化，真正做到为整个社会贡献价值。

乐恩通过企业升级，如"女信节"、股权制度、高层游学密训等，激发每一个乐恩人的使命感和责任感，使每一个乐恩人能够更深刻地理解企业的理念与情怀，始终不忘记为何出发。

在产品上，我们始终把消费者放在第一位，致力于广大消费者的健康事业，用极致严苛的要求打造最优质的产品，同时为其提供专业、优质的售后服务。

乐恩做到真正赋能每一位代理，通过 7A 蝶变系统不断提高他们的

格局和能力,真正帮助他们实现从成长到成功。

从早期创业的高速成长到一路历经跌宕起伏,攻坚克难,我深知,只有做长期主义者,才能走得更远。

Chapter 7 第 7 章

你只管精彩，一切自有安排

法国文学家托马斯·布朗曾说："你无法延长生命的长度，却可以把握它的宽度；无法预知生命的外延，却可以丰富它的内涵；无法把握生命的量，却可以提升它的质。"成为一个内心充满能量的人，在人生路上永远不停止成长，时光总会给予你最好的馈赠。

7.1 做一个内心充满能量的人

从家庭主妇到企业创始人，如今，我的事业也算小有成就，但我依然会迷茫，时常会思考一个问题，人生的意义是什么？人生的目的在哪里？

这是最基础，也是每个人都必须正视的问题，因为它决定了"你要成为什么样的人""你要做什么样的事"，以及最终"你成为什么样的人""你做了什么样的事"。

拜读世界著名实业家稻盛和夫先生的《活法》一书，让我有幸得出了答案，他说人生的意义和目的在于提升心性，磨炼灵魂。如果有人问他，为何来到这世上，他会毫不含糊地回答："是为了在死的时候，灵魂比生的时候更纯洁一点，或者说带着更美好、更崇高的灵魂死去。"这句话，让我醍醐灌顶，使我忍不住读了一遍又一遍，感叹这世上再也找不出比这更契合于我的理想的答案。

用自己的浅薄认知进行通俗理解，我们降生于世，历经坦途、坎坷，感受悲喜，直至生命的尽头都在不懈奋斗，正如我们来时两手空空，离去时依然带不走任何东西，唯独带着磨炼后的灵魂和心性。所以，决定人生价值的只有最终的灵魂和心性，它是否能比降生时更高尚一些，更纯洁一些？

这个答案或者说原理、原则，让我豁然开朗，它也成为我的人生指南。换言之，我更加关注自己的内心，开始注重修心。

其实，无论是企业家、白领、家庭主妇还是其他角色，不管是何种身份，身居何位，大多数人都有一个通病，总是喜欢向外索求幸福，而很少真正做到向内求。

就像曾经的我一样，将幸福的权利交给了别人。一定要父母对你好，一定要先生爱你，一定要孩子的成绩好，一定要事业顺利……你才能感觉到幸福。可即使你最终获得了这种幸福，也往往只是二手幸福。倘若二手幸福在我们所有幸福里所占的比例过大，那么我们幸福的权利就掌握在别人手里。所以，我们常常会感到生活充满了挫折和不如意，我们的幸福感也会越来越低。

正如关系学大师卡耐基曾说："一个内心强大的人，才能真正无所畏惧。也只有内心的强大，我们在生活中才会处之泰然、宠辱不惊，无论外界有多少诱惑、多少挫折，都能心无旁骛，依然固守着内心的那份坚定。"所以，我不仅要做一个有能力的人，更要做一个内心充满能量的人。

这也启迪我从三个方面出发，做一个内心充满能量的人。

首先，我开始重视体验，体验是非对错，体验悲欢离合，体验做人的感受和滋味。

回首自己一路以来的成长经历，虽然不尽是甜美的，甚至有揪心的、痛苦的、折磨的，但如今看来，那些伤痛早已变成了一种经历，而正是这份经历让我对人生有了更多的思考和体悟，让我比一些同龄人能活得更通透。

这份经历让我在经营企业、婚姻和家庭时也更加从容，我把每次遇到的挫折和困难都当成磨炼心性的机遇。如果你创业的道路充满艰难险阻，那么创业就是你修行、磨炼心性的最好道场；如果你与爱人之间存在矛盾，抑或是不善处理人际关系，那么夫妻关系、人际关系就是你磨炼心性的道场；如果你和子女之间沟通存在问题，那么教育就是你的修炼道场……

其次，关注内心，让我更加注重学习。

我们的灵魂需要不断的学习进化，才能变得比降生时更加纯洁、高尚一些。从个人经历而言，我愈发认识到学习的重要性。一个人思维、认知的高度，决定了他整个人的高度，只有把格局打开，才会发现很多有趣的未知领域。

从北京金错刀老师的爆品会课程，到日本游学，后来又学习创业黑马，接着走进吴晓波老师的企投会，再到深度行走以色列，走进百年名校斯坦福，对话顶尖学者，碰撞商业思维……从课堂到游学，一路以来，我辗转全国各地不断丰富自己、提升自己。未来，我会更加专注于提升自己。

思维和格局的宽广本就是人生最大的精彩之处，这种精彩关乎内心的不断成长，让人具有远见卓识，继而又会带来人生处处不断的精彩。它就像一种精神食粮能给我们提供源源不断的内生动力，成就我们的精彩人生。

同时，我也学会了感恩、真诚、勇敢。将这些宝贵的品质贯穿于生活、工作的方方面面，我的人生也变得更有意义。

最后，要使内心获得成长，灵魂变得高尚，充满正能量，也要具备服务意识，这也是人生价值的重要体现。

人生在世，自己能否服务于他人？是否对他人也有一定的价值呢？这是我在不断践行中一直思考的问题。做一个真正对社会有价值、有贡献的人，是每个人都应该为之奋斗的目标，也是每个人都应该具备的使命感。

而我怀着这样的初心去经营企业时，很多棘手的问题也都迎刃而解。

也许有人会说，我不是企业家，也不是政治家、科学家，没有如此宏大的愿景，但如果你单纯从这一方面去理解社会价值，就显得有些局限和片面。永远心存善念，给予身边的人更多的温暖和关怀，就是创造社会价值的具体体现。

《大学》有云，修身治国平天下，其根皆发于心，心正而后身修，而后家齐，而后天下平。学会修心，做一个内心充满能量的人，你将收获一个精彩的世界。

7.2 赋能一千万女性

我做企业的初心是什么？我们想要做成一家什么样的企业？

我做企业的初心是帮助女性真正获得成长。随着乐恩的不断发展，我们的愿景和使命是赋能一千万女性。

在这个社会上，当我们踏出学校，进入职场，便有企业教我们如何做员工，如何做业绩，如何做管理。但当我们踏入婚姻的殿堂，却没有人来教我们如何经营家庭，如何处理婆媳关系和亲子关系，也没有人教我们该如何自处，如何爱自己。因此很多女性，往往在结婚之后便停止了成长，而这也是最致命的。

"真正的自由女性，不是一定要在职场上战绩骄人，也不一定要在家中相夫教子，真正的女性自由，应该是选择的自由。"也就是说，女性要有自由选择生活的勇气和能力。无论我们最终选择退守家庭，做家庭的坚实后盾，还是选择驰骋职场，永远都是出于自己的选择，而不是屈于现实后的无可奈何。

所以，乐恩从来都不是一家追求利润至上的企业，而是希望帮助千万女性真正实现全面成长。这里的全面包含两个维度，一是指从时间上来看，乐恩要帮助她们实现终身成长；二是指不仅仅局限于金钱、名誉和物质，我们更要帮助她们获得心灵上的成长。

帮助千万女性，从年轻到年老不断成长，并且成为我们同龄人当中的优秀群体，这是乐恩一直以来的愿景。

随着年轻消费群体的崛起，有人说："只要抓住了年轻人的心，就抓住了中国的市场。"放眼望去，大多数企业也的确如此，将其作为企业经营的不二法门，持续不断地做年轻人的生意。而乐恩想做这个时代有情怀的企业，不追赶时代的红利，真正做到陪伴一群人，一辈子。

微商企业不同于普通企业，它的客户除了产品端的消费者，还有身边的代理。所以，除产品版块外，我更关注代理的成长。我完全将眼光聚焦于身边的这一群人身上，准确来说，主要集中在"80后""85后"以及"90后"身上，我更关注他们在每个年龄阶段最需要什么。

为何要将眼光聚焦到这三个年龄段中？一方面，我们做了用户画像调取，发现身边代理的平均年龄在33岁左右。另一方面，从自身出发，我更容易成就与我同年龄阶段的人。

我能敏锐地捕捉到他们的需求，也能更加感同身受；今天他们走过的路，也许是我提前两三年就走过的。因为经历更加丰富，伤痛更具体，所以复盘多，领悟更深刻，看得也更长远。再加之，我比同龄人跑得更快一点，这也决定了乐恩有机会成为这一帮二三四线城市中"80后"

第 7 章　你只管精彩，一切自有安排

的领路人。

乐恩能带着这群人更好地迎接他们接下来的每一个年龄段，正如我常说的，我们可以更好规划我们的人生：30 岁做什么、40 岁朝着哪个方向发展、50 岁聚焦于哪一领域……我希望 80 岁的时候仍然有机会带领他们继续走 T 台，那时候，我们将是中国最时尚的一帮老太太，也是乐恩最亮丽的一道风景线。

乐恩一直想做的是，陪伴代理终身成长，在自己最擅长的领域，带领一群人去不断拓展未知。

未来乐恩还想深耕女性教育领域，因为女性在整个家庭，乃至整个社会中的重要性不言而喻，你改变一位女性，就改变了一个家庭，也影响了下一代的成长。因为母亲发生改变的时候，孩子也能够发生巨大的改变。

小时候，母亲极力满足我生活各方面的需求，但却忽视了我的内心世界，并没有真正关注过我的教育和成长。因为从小跟外婆一起生活，我印象最深的是，每次外婆跟妈妈告状时，她就会过来打我。

那时，我内心世界有很多需求，也向她表达过，但都被她忽视或拒绝了。比如，我成绩优异，想上提高班，可她怎么都不同意；我喜欢音乐，想学跳舞，想学钢琴，她从来也不支持。

在我十多岁时，某卫视有一档选秀节目十分火热。一次，我俩一起观看，母亲突然对我说："芳芳，你怎么一点才艺都没有，要是像他们一样多好，能歌善舞，还会各种各样的乐器。"听到这话，我非常生气，心想，她怎么能说出这样的话，小时候我想学钢琴不被支持，想学跳舞也不被允许，现在却反过来责怪我没有一点才艺。我甚至十分

怨恨母亲，如果是因为家里穷不能支持我的话，我觉得能理解，但当时我们家庭条件不错，完全有能力承受这些，所以我感到非常懊恼。

其实，不仅仅是我母亲，这是他们那一代人中为人父母时所具有的共性——在教育孩子方面存在缺失。但我们无法借用今天时代的进步，用现代的眼光去苛责他们的教育方式，抑或是怨恨他们。

在母亲那个年代，很多人没有受到过很好的教育，他们也没有条件去见识更宽广的世界，自然无法用今天的思维要求他们的认知。

而今天我们受到了更好的教育，有条件去接触更多的人和事，那么就应该尽量在我们这一代去改变一些东西，争取一些东西。我们可以通过客观认识过去，帮助自己正确地认识自己，进而改变自己，收获更好的自己，或启迪更多的人用更好的方式去教育自己的下一代。相反，如果我们只会一味地责怪和抱怨，则毫无意义，那是在折磨自己。

当我长大后再来思考这件事情时，少了情绪，多了客观，我甚至觉得从另一个角度来看，我的性格之所以如此独立，也许在很大程度上得益于她当时的"不作为"。也许她的方式会让我感到无所依靠，所以从内心更加坚定人生的很多事情需要自己思考做决定。

快乐做事，感恩做人是乐恩的价值观，也是我对自己过往经历深刻总结后获得的启迪。乐恩想告诉更多的人，即使我们存在缺憾，即使我们有诸多不足、不完美，哪怕那些都不是曾经的我们可以掌控的，但请记得感恩。感恩做人，能让自己的心灵变得轻松，能让你客观清晰地看待更多的事情，能帮你解决情感上的困境，获得幸福和快乐。

其实不难看出，乐恩一直以来所追求的一群人，一辈子的终身成长，除了最低层次的物质满足，更关乎高层次——内心世界的成长。

在乐恩发展的初期，我们的使命是帮助平凡人实现不平凡的创业人生，并将此细分为三个阶段：口袋富有、内心富足、受人尊重。口袋富有是最基础也是最低层次的，因为我们起初无法抛开物质需求谈精神需求。假如一个人的衣食住行都成问题，那怎么可能告诉他要在精神世界得到自我满足。而在达到口袋富有的基础上，自信随之而来，因此我们进入第二阶段——内心富足，继而进阶第三个阶段。

可随着乐恩的不断发展，对于这一使命也有了更高的认识，内心富足已经上升到了一个更高的层次，它已经不再局限于小我中的内心富足，而是在利他之上的，内心世界的强大和宽广。因此，我们将这三个阶段做出了调整：口袋富有、受人尊重、内心富足。

永远保持利他之心，做受人尊重的事，但也能不求回报，不计较得失，做到真正的内心富足是乐恩的使命。未来，乐恩将继续秉承使命，带领更多的人探寻幸福的人生。

7.3 那些逆风翻盘的人生

如何才能拥有幸福的人生？我认为要在"因"上努力，"缘"上创造，"果"上反省，这也是人生的重大真理。

在乐恩，我亲眼见证了许多平凡人通过自己的努力拼搏改变了自己的一生，他们的故事经历无一不证明着这一因果规律。

出身农村，家境贫寒，由于父母常年在外，张真自小跟爷爷一起生活。小时候他睡过牛棚，捡过废品获取生活费，因为吃过太多生活的苦，所以从小他便下定决心要努力改变家庭的贫穷状况。

初三未毕业，他就开始南下打工，没有学历，没有资源，没有背景，唯有一腔热血和孤勇。他换过很多份工作，做过鞋厂工人、KTV服务员，也在皮革厂打过工，还凭借着自己的不懈努力做到了小组长，工资也在逐步增长。

第 7 章 你只管精彩，一切自有安排

2014年我因小小与张真结识，那时我刚进入微商行业，小小是我的一位代理，而张真是小小团队中的成员。起初，我对张真的印象并不是很好，因为每次在群里开会时，他是最活跃的一个，总会有十万个为什么，经常跟你较劲，好像一副永远都不信任你的样子。

2014年年底，发生了一件事改变了我对他的看法。前期因为团队的发展，小小逐渐跟不上步伐，离开了队伍，张真便成了我的直属代理。我在泰国旅游时收到了张真的消息，想跟我聊聊日后的发展和规划。我回复他，等我这边结束就打给他。

但那天我们直到凌晨两点多才回到酒店，猛然间我想起自己跟他的约定，于是赶紧发了一条信息给他："张真，不好意思，直到现在才忙完，我们换个时间再聊。"结果，不久就收到他的回复，还附了张看书的图片："没有呀，我正在看书，一直都在等你。"

那一刻我十分感动，觉得这个男孩子挺坚定，一直等到凌晨两点多，而且还十分好学。也就是经过那一次长谈，拉近了我们彼此间的距离，从那以后，无论我做任何决定，他都会全力以赴地支持。

当乐恩团队经历第一次低谷时，张真做出了一个十分大胆的决定，向自己所在的工厂提出了离职，想要全心全意做微商。这一决定，遭到了他全家人的反对。要知道，在整个微商行业都充满未知和迷茫的时刻，他却毅然决然地准备辞去一份稳定的工作，况且那是他多年以来通过自己的汗水好不容易换来的一份安稳。

在那个小县城里每月拿着7000元的收入，是一件十分令人羡慕的事。张真的爱人西西给我打电话，想让我劝阻他，不要鲁莽行事，要是做微商很忙，自己也可以帮忙，完全用不着辞职。我给张真打了电话，

劝他要理性思考，再做决定，不要盲目辞职。张真给我发来了他跟西西的对话截图，上面的每一个文字都落到了我的心里："我希望在我年轻时还有机会去赌一把，闯一次，否则我到年老时会责怪自己碌碌无为。"同时，为了减轻家人的心理负担，他承诺每月拿一万元回家。

当一个有责任的人带着进取之心果敢前行时，似乎更能所向披靡。张真顶着巨大的压力，一路向前，从低谷期扛了过来，也兑现了他对家人的承诺。随着不断扎根，他的团队不断壮大，在乐恩的发展也越来越好。那时西西还只是他的助理，我便对他说，你一定要培养西西独当一面，让她开始自己带团队，你需要逼她一把。就这样，后来西西也在他的帮助下成立了一支自己的团队，不再仅仅是他的助理。从全职宝妈，到助理，再到团队长，遇见乐恩，西西也在不断收获更好的自己。

2016年，在我去北京发展的初期，我发现张真开始浮躁起来。

正如我在之前章节所说，如果一个人无法正视自己短时间内集聚的名利，那么他很难走得长远。再加之，没有与之相匹配的能力，他摔下来时也会很疼。于是，在一天晚上我给他打了一通电话，狠狠地把他批评了一顿，希望他能够更加清醒，能够更好地规划自己的未来，与乐恩更好地走下去。

第二天，他打电话告诉我，昨天我与她通话时，全程开着外放，当时他的母亲就在一旁，听完对张真说道："骂得太好了，就应该好好管管你。跟着她做事，我们心里也踏实。"

就这样，张真开始反省自己，也逐渐认识到更高的责任感，变成团队中的小太阳。随着女儿的出生，他经常带着她一起工作，那些货

第7章 你只管精彩，一切自有安排

堆里的女儿的照片给了团队中很多前行之人满满的正能量。

经过不懈的努力，张真的业绩实现了跨越式增长，每个月的业绩可达几百万元。似乎在河南南阳的那个小县城里，已经无法继续突破他的认知。他的应酬也越来越多，每天都有参加不完的饭局，身体也开始发福，对于一个30岁出头的年轻人来说，显然这是一个极其危险的信号。

员工的未来，就是企业的未来。我想如果继续这样发展下去，肯定会出现问题，我认为他应该再吃一吃苦，到外面见见世面，提高自己的能力和格局。于是，我便打电话让他和西西一起来北京发展。这样既可以离开舒适圈，又可以全心全意地投入到事业中，而且当时我身边也需要执行力很强的人来与我一起建设乐恩。

来到北京，正值乐恩团队迅猛发展的时期，所以他们完全亲历了乐恩的巅峰时刻，同时他们也陪我，陪乐恩经历了至暗的低谷时刻。经历本身就是一种最好的成长，来到北京他与西西都发生了蜕变，形象、谈吐、气质、认知、格局各方面都获得了巨大提升。他与西西也成为乐恩里的一段佳话，是很多人羡慕的夫妻档。

一路走来，张真与乐恩并肩而行，不离不弃，随着乐恩的正式成立，他感受到了更高的责任感和使命感。从那个在流水线上一天到晚听着电机轰鸣的"厂哥"，到最初什么都不懂的微商小白，再到今天乐恩资深的荣耀股东，张真的人生实现了逆袭。在乐恩他实现了自己的理想人生，所以他想要帮助更多普通、平凡的人实现他们的精彩人生，自此，他心中播下了一颗乐恩梦。

他一直努力践行着乐恩的使命和价值观，成为乐恩企业文化的宣传者和践行者。这些年来，秉持着利他精神，张真曾用 50 天时间奔赴全国六个省辗转数十座城市为团队代理赋能，在全国各地开办上百场沙龙，帮助无数实体店老板在乐恩这个平台实现人脉资源的变现。

张真说，未来会继续与乐恩同行，通过不断学习扎根，吸引更多思想同频且价值观相同的人，共同为乐恩梦而努力。用一群人的微光，集聚成一束更强的光，去照亮彼此人生前行的路。

张真的故事绝不只是幸运，而是源于选择、相信、努力，值得我们所有人学习，如今他也在用自己的光指引更多的人。

与张真比起来，陈群星与乐恩的故事则更加波折、离奇。

2015 年，一个偶然的机会群星添加了我的微信，并给我发了一小段文字，字里行间满是真诚："我看了你的故事，真的非常喜欢你。"

当时，正处于乐恩团队的上升期，工作十分繁忙，我心里想着等我忙完，一定要专门找个时间和她好好聊聊，于是我回复道："谢谢你的喜欢，最近出差很多，等我回来咱们专门约个时间好好交流下。"

"收到你的回复感到格外暖心，也十分激动，甚至兴奋得一晚上都没睡着，既期待又害怕跟你交流。啊，该和她交流什么呢？和她说她的每一篇朋友圈我都认真看过？她的每一句话都成为我人生的指引？她到底是个什么样的女孩子呢？这么独立，这么有想法，这么温柔却又能振奋人心。我有朝一日能像她一样厉害吗？"群星说，这是她收到我的回复后所产生的一系列心理活动。

从内心出发，听到群星的这番言论，我感到既幸运又骄傲，因为我也在用自己成长中获得的能量影响着他人。

后来，通过沟通我才得知，原来群星正在寻求转型。在这之前群

第 7 章　你只管精彩，一切自有安排

星本是一名销售面膜的微商，凭借着超乎常人的努力在奋斗中小获成就。可在 2015 年却遭遇了一次大的震荡，某知名微商护肤品牌被各大媒体曝出产品质量问题——含有"荧光剂"，这也使群星的面膜之路遭遇瓶颈。而彼时的我们正在做女性私护产品，也处于事业的上升阶段，于是群星找到了我们。

就这样，群星成为私护代理中的一员。凭借着自己的努力，加上当时形势正好，经历了团队的巅峰时刻，得到了巨大的物质满足。同样，她也成为风口下的猎物，风口一过，大量的问题全部涌现出来。再加之，当时群星与直属上级发生了经济纠纷，致使她背上了一笔巨大的债务，团队一下也从 5000 多人减少到 10 多人。

因为被微商野蛮发展的后遗症伤得体无完肤，那段时间，群星的生活里充满了抱怨，她抱怨团队，抱怨自己运气差，抱怨生活，抱怨人生，开始不再相信微商，也不再相信任何人，每天只想着如何去追回那笔债，生活里全是怨恨。

群星说，那是她人生的至暗时刻，在那段时间里她整个人的状态都极差。而直到 2018 年 2 月 17 日，她的人生又因为乐恩发生了巨大的转折。

2018 年 2 月 16 日晚上，我约群星来福州，想跟她当面好好谈一谈，真心想改变她当时的状态，拉她一把。

见到群星的那一刻，我心里十分不是滋味，曾经那个乐观、积极的群星已被生活折磨得毫无生气可言，甚至可以说是狼狈不堪。我对她说："群星，放下过去吧，不要折磨自己了，我真的很心疼你，这两年你已经不再是原来那个自信、快乐的群星了。未来还很长，与其花

费大量的时间、精力去纠结那些没有结果的东西，不如调整状态重新开始，重新快乐起来，自信起来。相信我，你只要走出来，一定能收获更精彩的人生。"接着，我给她介绍了乐恩平台的经营理念。

那一次，群星很受触动。她说那次谈话时，从我眼里看到了希望的光。听完我对乐恩的讲述，她开始明白，我想打造的乐恩已经完全不同于当时任何的微商企业，作为曾经一路摸爬滚打的代理，我更懂得微商行业的痛点，更加清楚代理想要什么。优质的产品、良好的团队赋能、帮扶利他，乐恩脚踏实地做实事，而且是在做一件伟大的事。

也正是基于此，她决定从零开始，再相信一次，再拼一次。这也正式开启了她在乐恩的进阶之旅。这一次她破釜沉舟，比以往任何时候都要坚定，有乐恩作为强大的背景，再加上个人的不懈努力，上天不负有心人，群星东山再起，一路高歌猛进。在不到半年的时间里，群星用自己挣的钱还完了剩下的所有债务。群星跟我说，当她还完欠债的那一天，她一个人去喝了一次酒，大哭了一场。纠缠了她两年的问题终于解决了，她从那一刻起获得了重生。

这一次也让群星更加坚信、践行乐恩的宗旨——快乐做事，感恩做人。如果一个人生活中、工作中充满了抱怨、怨恨，那么他其实是在折磨自己。相反，如果用快乐的心态、感恩的心态去对待任何事情，那么就可以卸下沉重的心理负担，专注事情本身，这样才能用更好的状态去获取更好的结果。

经历过巨大的挫折，也让群星懂得学习的重要性，借助乐恩平台，她从 7A 蝶变系统中不断汲取扎根的力量，获得了巨大的成长。如今，群星团队人数高达 7000 人，合伙人有 104 位，旗下有 38 个工作室，

第 7 章　你只管精彩，一切自有安排

培养出几十位百万代理，业绩在乐恩团队里名列前茅，并担任"黄埔军校"总助教。

现在的群星自信且光芒万丈，她不仅是全家人的骄傲，更是家乡父老的骄傲，家乡人都亲切地称呼她为"微商女神"。群星也在用她成长中的能量影响着更多的人。

群星常说："选择大于努力，作为微商，如果没有一个好的平台，你只能孤勇奋战，有时还会遍体鳞伤，只有选择一个好的平台，才能真正帮你实现从成长到成功。"

与陈群星相比，吴惠琳与乐恩的故事稍显平淡，但于平凡中同样也成就了精彩人生。品学兼优的惠琳大学毕业后找到了一份稳定的工作，过上了朝九晚五的生活，领着一份能在三四线城市生活得很安逸的工资。不久，她便走进了婚姻的殿堂，迎来了第一个孩子。为了不错过女儿成长中的每一个瞬间，惠琳在产后的第六个月便递上了辞呈，成为一个全职宝妈。

当时，她顶着巨大的压力。父母对她十分失望，认为辛苦培育她20多年，而她最终却选择成为全职宝妈，颇有恨铁不成钢之感。她也在默默承受从女儿到妻子、儿媳妇以及母亲这几个身份转换的不适与痛苦。银行卡里只减不增的余额，和女儿日渐增长的开支，让她感到万般焦虑。

想要重生的她，寻寻觅觅，终于发现了乐恩。这里有太多与她经历相似的人，但他们都在闪闪发光。加入乐恩，她很快收获了一群志同道合的伙伴。乐恩通过不断完善的赋能育人体系，让她从微商小白逐渐开始自己谈客户、做培训、招商、带团队。现在的惠琳是乐恩炎

炎团队的销售标杆,是千万级团队长,也是荣耀股东。

2015年12月加入乐恩对于惠琳来说是人生的分水岭,在乐恩这五年的时间里她实现了弯道超车,不再是"一事无成的全职宝妈",而是一位找到自我、不断突破自我、创造自我价值的成功女性,她也将这种能量带给了更多的人。

这一段段传奇人生似乎离大多数人都很遥远,但在乐恩,这种闪闪发光的人生并不罕见。无数草根创业者通过自己的努力实现了逆风翻盘的精彩人生,而他们也在用前行中的光芒能量,影响更多的人。

这也印证了老子的一句话——天道好还,我们的起心动念最终会影响我们的结果。只要播下正向念头,找到一个正确的方向,不断努力,在前行中不断反省、修正自己,最终就能收获幸福人生。

我亦如此,乐恩人亦是如此,你也是如此。